面白いことは上司に黙ってやれ

日本発の新ビジネスを生み出すには?

春日知昭

光文社新書

ロボット開発者がベンチャー企業を創業し、苦労しながらも、世の中の真理を見つけていく――。その過程を、著者と一緒に追体験することができる。立場の違いが、視点の変化となって、新しい気づきを生み出す。これから挑戦しようとする技術者に、ぜひ読んでもらいたい一冊だ。

――東京大学教授・松尾豊

まえがき

僕は、今どき珍しいＩＴ系のハードウェア開発（ロボット）の事業を行う「スピーシーズ株式会社」（＊1、巻末にＵＲＬを表記。以下同）という会社を経営しています。事業の内容や、ロボットとＡＩの融合というテクノロジーの来たるべき未来の話は本書で詳しく触れさせていただくとして、起業してから20年、僕が歩んできた多くの失敗と成功の話は、この時代に何かの役に立つのではないかと考え、筆を執りました。

僕は１９８５年から２００１年まで、ソニー株式会社に勤めていました。ＮＥＷＳというＵＮＩＸワークステーション、ＶＡＩＯ、ＡＩＢＯ（犬型ロボット）の開発部門に所属し、アーキテクト・設計課長や室長などを経験し、とても有意義な時間を過ごしました。

ソニーは僕にとっては学校のようなところだったなと感じています。当時の日本でも珍しい世界を相手にビジネスを行える会社で、世界を相手にすることは当然のことであり、社内は自由な感じと活気に満ちていました。そうした社風が会社として当然なのだと思っていましたが、ソニーを辞めて世間に出てみると、いかにそれが素晴らしい環境だったかがよくわかりました。

当時の日本全般を見渡しても、世界を目指したり新しいことに取り組もうとしたりする企業は少なく、ましてやその後20年の現在、日本はすっかり元気をなくしているように見えます。失敗をしないことばかりに気をとられ、創造性を生み出すチャレンジを避けているように感じられます。いいかえれば、今の日本は失敗はしない代わりに、成功することもないという状況を選択しているのでしょう。

そういったことを続けていたら日本は成長しない国となってしまい、どんどん世界でのプレゼンスが下がっていってしまうのではないでしょうか。

日本の未来をいい方向に変えていくには、チャレンジングな起業家をたくさん輩出し、昔のソニーのような世界を目指せる企業をたくさん生み出すべきだと考えるようになりました。

では、どのようなことを考え、行っていけばいいのか?

本書は僕の経験を通じて、それを実現するために少しでも役立つ内容になることを目指しています。

日本は、そして世界は今、転換期を迎えています。

ここ10年ほどで、それまでリアルな商品の販売やリアルな人対人によるサービス業をベースに進んでいたビジネスの構成が、ネットによる販売・物流やＳＮＳなどに代表されるSaaS（Software as a Service：ソフトウェアによるサービス）企業に大きくその座を譲る状況になっています。

その結果、その市場を独占する主に米国のSaaS企業に多くの利益が流れていってしまうようになりました。たとえばAmazonに販売と物流が支配され、GoogleやFacebookに代表されるネット企業に宣伝広告費の多くが支配されています。従来からある日本の販売企業やＰＲ企業は、その分野では利益が減少してしまっています。日本の場合は特に、こうした売り上げの多くが国内から海外に流れるようになってしまいました。

ネットなどによる新規ビジネスの多くを海外勢に押さえられてしまった日本は、残された既存市場の既得権益を誰が得るのかという争いに終始し、国内での市場競争は激しくなるばかりです。車やロボット、精密機械、部品類など、日本が世界市場でかろうじて優位性を保っている市場以外は、国内では通信やエネルギー、デベロッパーなどの旧来型のインフラ系のビジネスばかりが〝縄張り争い〟で権勢を誇っているように感じられます。世界の市場に打って出るような企業はどんどん減っているのが現実でしょう。

このままだと、日本は広い世界の中の小さな市場の一つに落ちぶれ、何も新しいことは生み出せない国になる、そんな日が近いと危惧します（あと10年持つかどうか……）。

日本では、なぜ創造性を求められるビジネスがうまくいかないのでしょうか。

たとえば米国では、起業が失敗しても、その経営者は「いい経験をしたね、次に生かせるね」と、そのチャレンジに敬意を表されることはあっても、軽く見られることはありません。

あの、Android OSで大成功したアンディ・ルービン氏（＊2）でさえ、成功の前に事業からの撤退を何度も余儀なくされています。その時も、皆がその次の活躍を応援していました。彼が大成功する前に、僕は彼と一緒にシリコンバレーのいろいろなベンチャー・キャピタル（有名なセコイア・キャピタルなども含む）を訪問させていただいたのですが、皆さんが彼をヒーローのように歓待してくれるのを見て、僕は衝撃を受けました。

つまり、事業の成功・失敗だけでなく、その当事者個人がどうチャレンジしたかということが重要視されているのです。

一方、日本ではどうでしょう。個人を尊重するような文化はまったくありません。今の日本には、企業としてのビジネスの結果を見るだけではなく、失敗したチャレンジに対する個人の評価をも分かち合い、寛容する精神が求められているのだと思います。

日本で起業することはまだあまり一般的ではなく、会社員生活をするのが一番ふさわしいと考える人が多いように思います。でも、海外の人と話していると、海外の人は多くの場合、「自分株式会社の社長さん」なんだなと感じます。

どこかの企業に所属していたとしても、それはその人の一つの武器にすぎなくて、大事なのは「自分株式会社」。だから、所属する会社にこだわらずに、個人的なお付き合いをベースに社会で活動しています。彼らは組織に動かされているだけではなく、すごく人間的なつながりをベースにしているのです。

僕は会社勤めをしていて、それ以上続けると精神障害を起こしそうになったので一気に辞めてしまいましたが、一気に会社を辞めて起業するということでなくてもよいと思うのです。

会社員を続けるにしても、起業するということがどういうことかを知ってシミュレーションしてみるだけでも、自身の覚悟ができてきっと役に立つでしょうし、会社員をしながら第二の仕事も探すという、楽しい冒険の始まりにもこの本が役に立てば幸いです。

僕は、皆さんにもぜひ「自分株式会社の社長さん」になっていただきたいと願っています。所属する会社も大事ですが、個人としての価値を高めていくこともまた大切です。

また、僕にとって学校のような存在だったソニーという素敵な会社は、戦後の日本の発展を彩り、世界を変えていった先進性は今でも色あせることはありませんし、その文化の素晴らしさはいつの時代でも輝ける普遍性を持っていると思います。その片鱗でも皆さんに知っていただけたら幸いで、僕の会社もその輝きを継承して成長の糧にもしたいですし、その文化を継承した会社が日本に増えて、再度日本が世界の中でのプレゼンスを上げられることを願っています。

面白いことは上司に黙ってやれ　目次

第3章

ビジネスと縁、そしてお金の話

第5章

木を見て、森も見る

序章

転職、ソニーからの独立

人生が変わった瞬間

20年くらい前、僕が初めてＡＩＢＯチームの開発ラボに足を踏み入れた時、そこにはびっくりするような光景が広がっていた。

普通のオフィスのように事務机がたくさん並んでいるのだけれど、普通と違うのは、床の上、机の上、広く仕切られた空間などにＡＩＢＯが無数に存在していて、床の上を歩き回っているＡＩＢＯもいれば、設計者の女性が棒の先にぶら下げた赤いボールをＡＩＢＯに見せて誘導して歩かせたり、２匹のＡＩＢＯがお互いに話し合っているかのように振る舞っていたり、また机の上では分解されてガイコツ状態になったＡＩＢＯが無数に散乱していたりもしていた。

なんだか映画のワンシーンか異次元空間に足を踏み入れてしまったかのように感じられた。動かないＡＩＢＯは普通の物体だなと感じるのだが、一度動き出すと、それはまるで魂が宿ったかのように感じられた。

ゆっくり立ち上がり周りをキョロキョロ見回し、何かを探して歩き出す。尻尾を振りお座りしたり匂いを嗅いだり、ボールを追っかけたり。

モノに命が宿った瞬間だった。

それ以来、僕はロボットの魔力に取りつかれてしまった。僕のその後の人生が変わった瞬間でもあった。

カルチャー・ショック

ソニーには社内異動制度というのがあった。

人事部からの社内報で〝ＸＸＸプロジェクトで人材を募集しています〟という案内が出て、希望する社員はそれに自由に応募することができた。人事部と先方の部署での審査に通ると、その社員は新しいプロジェクトで働けるようになる。

驚いたことに、決定するまで元の上司には何も知らされない。つまり、元の上司は突然部下が異動でいなくなってしまうのだ。

ソニーは普通の大企業とはかなり性質の異なる企業だった。僕はその前には東芝に7年ほど勤めていたので、両者の違いは愕然とするものだった。

大学を出て東芝に勤めていた時は、府中工場の発電制御システム部に配属された。そこで発電制御機器（マイコンを使ったプラントの制御装置）の設計をしていた。普段はきれいなオフィス棟にいてコンピューターを使って設計作業をし、必要な時には工場棟に出向いてデバッグ（コンピュータープログラムに潜む欠陥を探し出して取り除く作業）をする。

たまに副社長など偉い人が工場棟に見学に来るということになると、数週間前から事業部内におふれが出て、何日の何時何分に副社長がここを通るから、僕らのような平社員はオフィス棟に戻っていろと言われた。偉い人の受け答えをする人は課長と決まっていたからだ。

そんな日本的な会社からソニーに移ると、度肝を抜かれることの連続だった。

ソニーでは年に一度〝技術交換会〟という催しが開かれていた。社内の各部署の最新技術を展示するイベントで、体育館のような広い会場で行われ、１００件以上の展示があって、他部署の人間や招待された社外の人も自由にウロウロ見て歩いていた。

ソニーに転職してすぐだった僕は、社内とはいえ他部署の最新技術を惜しげもなく見せてしまうオープンな環境に驚きを禁じ得なかった。部外秘みたいな技術を「えっ？　見ちゃっていいの？」という感じだった。

当時のソニーの技術は世界でも最先端だったから、どの部署の展示を見てもすごい技術だなーと思った。そういうものばかりを見ていると、自分でも何かできるのではないかとインスパイアーされていく。それが、その会の目的だったのかもしれない。

見て回るだけでも違和感の塊で緊張していた技術交換会だったのに、とある部署の展示をじっと見ていて、ふと気がついたら隣に井深大さん（元会長）がいらして目を丸くした。いくら新入りの僕でも、世界的に有名な井深さんくらいはすぐにわかった。「しまった！　こんな偉い人の隣にいたら周りから何言われるかわからない。早くどかなくては！」と、長年培った〝東芝根性〟で思ったのだが、周りを見ると全然気にしている様子はない。説明員も僕より若いあんちゃんだったし、なんとそのあんちゃんが井深さんとタメ口でしゃべっているではないか——。まるで自分のほうが偉いかのようなしゃべり口で井深さんと会話している。井深さんもいくつか質問を口にされ、答えにうなずき、ニコニコしながら次の展示のほうに移っていかれた。

この時のカルチャー・ショックを僕は一生忘れない。

「面白いことは上司に黙ってやれ」

当時ソニーでは、「面白いことは上司に黙ってやれ」という不文律を、トップの方々がおっしゃっていた。製品開発の初期段階で多くの人で議論しても、いい物は生まれないということを皆さんわかっていたからだ。実際、素敵なアイデアはそうして生まれていた。ＡＩＢＯもそうだったし、Suicaの中身の技術のFeliCaにしても、PlayStationも、仮想通貨のEdyなどもそうだし、その最たるものは、あのＣＤだ。

ＣＤに関していえば、井深さんは開発に反対していたというから驚きだ。だが、ソニーがすごいのは、偉い人たちが反対しても「止めろ」とは言わないところだ。いくらトップが反対してもトップでも間違うこともあるという前提で、最終結果が出るまでは「止めろ」とは言わなかったのだ（ＣＤが大成功してから井深さんは間違っていたと謝ったと聞いている）。

これも東芝出身の僕にはなかなか理解し難いことだった。東芝ではトップが言ったら誰も逆らえないし、逆らったら何が起きるかわからない。だが、ソニーでは自由というのか無神経というのか、〝何でもあり〟だった。実際、さんざん社内で喧嘩して社外（松下電器産業—

現パナソニック─とか）に出ていった人が、しばらくしたら何事もなかったかのように戻ってきていた、なんてことも日常茶飯事だった。

ソニーは奇跡の会社だった

ソニーで業務用ＰＣの設計部署にいた頃、設計者は設計用のデスクとデバッグ用の作業デスクと２つ与えられていた。人によっては作業台を２つ持っている人もいた。好きな設計をしていれば、設計作業もデバッグ作業も面白かったから、夜遅くまで会社にいてデバッグすることも当たり前だった。

ある日の夜（深夜だったと記憶している）に必死にデバッグしていると、後ろから声をかけられた。どっかで見たことのあるおっさんだなーとは思ったが、「調子はどうだい？」みたいなことを聞かれたので、どうもこうもない、「カクカクシカジカで、うまく動かないんですよ」みたいなことを話した。

すると、「あーやったらどうか」とか「こうやったらどうか」といった話になり、「なるほど！」と納得することもあったのだが、ちょっとめんどくさいなーなんて思っていたから適当にやり過ごした。そのおっさんは楽しそうに手を振って去っていった。

しばらく頑張って問題が解決してから、ふとそのおっさんが誰だか思い出した。それは副社長の森園正彦さんだった。「しまったー!」と思ったが、もう後の祭りだ。森園さんはうれしそうに帰っていかれたから、まあ問題なかったのだろう。僕も〝ダメロのあんちゃん〟をしてしまったかと思って焦った瞬間だった。

当時の上層部の方々は、そうやって社内の生の情報を自分の耳で集めて判断されていたのだ。人伝いの情報がいかにフィルターのかかったものであるか、よくご存じだったのだろう。当時のソニーの上層部の方々とは本当に距離が近いなと感じた。東芝出身の僕はなかなかなじめなかったのだが。当時のソニーは本当に奇跡の会社だった。実際、年にいくつかは、世界を変えるような商品が発表されていた。そして、その陰には日の目を見なかった商品も数限りなくあった。

最近よく「ヒット商品を生み出すには、よく考えて選択と集中をするべきだ」と耳にするが、それは間違いではないだろうか。ヒット商品とは、とことんやらせてみて、最後の結果を見てから判断するしかないのだ。ソニーはそれを実践していた数少ない企業だった。スティーブ・ジョブズ氏も何度もソニーを訪れて盛田昭夫さんと交流し、当時のソニーのやり方を研究していたという。世界に誇るべきやり方だったのだ。

今、かつてのソニーに近いことをしているのはシリコンバレーと中国の深圳《シンセン》だ。残念だが、そういった世界に誇るべきやり方も日本は捨ててしまったのだ。ソニーが編み出した数々の素晴らしい文化は世間に知られることもなく、普及することもなく埋もれていってしまったのではないか。ソニーに近いやり方で開発をしているのが深圳であるという現実も、変わってしまった今の世の中を表していることの一つだ。

違和感

ソニーは本当に素敵な会社だった。

どの部署に行ってもなんだか面白かったし、あれほどエンジニア優遇の会社は世界中探してもなかったのではないだろうか。しかも皆さん優秀な方が多くて、本当に驚くばかりだった。

自分は東芝から移ってきてそれなりに仕事ができるのではないかなんて思っていたのだが、まったく比較にならないような頭のいい方が多かった。それはしばらく会話すればわかることだ。

本当に楽しかったのだが、ソニーに移ってから10年くらいして自分が課長職になってから、だんだんに違和感がふくらみ、拭い去れなくなっていった。当時はその違和感が何だかわからなかった。

ソニーはエンジニアが自由な反面、組織はとてもしっかりしていて、効率を追求する体制もしっかりできていた。つまり、優秀な方々がガッチリ組織を守っていて、技術は技術に専念し、売り方や販売はその道に精通したプロが担当する、スタッフの絶妙な組み合わせで機能するようになっていた。一人ひとりは先鋭化されていても、一人だけでは全体が動かせないようになっていた。今になって振り返ると、そうした中で課長職として管理業務が増えたことと、自分のやりたいことを照らし合わせた時、矛盾を感じたのだ。

組織を商品化の流れで俯瞰すると、

ＰＲ会社──→営業部門──→事業管理部門──→商品企画部門──→意匠デザイン部門──→設計部──→品質管理部門──→工場

といった感じだった。エンジニアが自由なのとは裏腹に、組織はかなり強固だった。ソニーを辞めてからいろいろな会社を見ても、こんなに〝立案＋ものづくりの体制〟ががっちりした会社は見たことがない。特に力が強かったのが、商品企画部門と意匠デザイン部門と設計部だ。しかも皆さん頭がいいし、よく勉強している。口論してもなかなか勝てる感じがしなかった。

だけど、僕が課長職に就いた頃から何かが違ってきているような気がしていた。

強固な組織を今は誰がコントロールしているのか？

組織の方向性を定める能力が衰えてきてしまったのではないか？

皆が自由に好き勝手できるというのも素晴らしい体制なのだが、どうもそれだけではいけないような気もしていた。それらをまとめられる素晴らしいリーダーが、以前は初期のファウンダー（創業者）の皆さんだったのだけど、ファウンダーの皆さんがおられなくなってからはまとまりに欠けていたように感じていたのだ。

頭がいい人は多かったけど、そういった方々がビジネスが得意なのかというと、そうでもない。上層部の判断もだんだんに精彩を欠いてきたように感じていた。井深さん、盛田さん、大賀典雄さんの頃までは、ファウンダーの皆さんの雰囲気で会社が動いていたように感じたのだが、それ以降はちょっと雰囲気が変わってしまったようだった。

「船頭多くして、船、山に登る」という感じかなーと思った。残念だが、世界を導くだけの個性とリーダーシップがなくなっていったのだろう。

世界に乗り遅れる

世界のビジネスがハードウェアの低コスト化の時代から、ＰＣなどのプラットフォームによるソフトウェアサービスの時代に大きく流れを変える時で、残念ながらソニーはそれにうまく乗れないでいた。

代表的な例が、iPodに代表されるデジタル・オーディオ・プレーヤーでソニーが勝てなかったことだろう。理由はいろいろあるのだが、最大の理由は、ソニーは音楽業界の権利者団体に気を遣い、厳しいコピー・マネージメントに頑張りすぎたがためにユーザーにとって使いにくい製品になってしまったことだ。

一方、Apple は iTunes を使って簡単にＣＤから iPod にコピーできるのだから、ユーザーはどっちを選ぶか自明だ。音がいいとかの問題ではない。ハードの仕様や生産能力で頑張る時代からソフトウェアでのサービスに移行し、さらに法律問題も絡めて解決する時代に世界が変わってしまったので、ソニーに世界をリードする能力がなくなってしまったのだろう。

ただ、辞めたかった

さて、そんな状況で自分はどうするべきなのかと考えた。技術はある程度できるけど世界のトップ・レベルでもないし、会社全体のビジネスの流れが見えるわけでもない。僕は頭で考えてお勉強してすべてを理解できるタイプではないのだ。実体験を積まないと頭に入ってこない。体で覚えるタイプなのでどうしても習得するのに時間がかかる。実体験がなくても理解できる人がソニーにはたくさんいたので、すごい人たちがいるなーと思っていた。一方で、自分の適性はそういう頭のいい人とは違う方向にあるように感じていた。

頭のいい人たちと論争してもとても勝てないのだけれど、彼らには何かが欠けているように感じた。それを一言で表現するなら、多くの方が、

「木を見て森を見ず」

という状態に陥っていたのではないかと、今振り返ると思う。僕は、木も見れて森も見れる人になりたかったし、そういう上司が欲しかったのだ。ソニーのファウンダーの人たちは両方できていたのではないだろうか。でも、組織的な二世、三世の人たちからはそれを感じなかった。木も見れて森も見れる人を上司にしたいと思って探し続けたのだけれど、結局最後まで見つけられなかった。

ソニーで頑張って、ある程度、上の職位に行けたとしても、やることが管理業務的になってつまらなくなる一方だし、自分は中途半端な人間になってしまうなーと感じていた。ソニーの子会社の社長にでもなれるなら楽しいかもしれないが、それはきっと無理だろう。何度も言うが、ソニーには頭のいい人が多すぎた。

そんなことを考えていたら、どうにも仕事を継続することができなくなって辞めることを決断した。そのまま続けたら精神障害を起こしそうな気がしたから、他に選択肢がなかった。だから、すごい夢を持ってソニーを辞めたわけではないのだ。辞めるしかなかった。ただ辞めたかった。

なまじエンジニアとしてはソニーが居心地のいい会社だったから、辞めるのが遅れてしまった。

45歳で辞めたのだが、幸いその頃には早期退職制度のアナウンスがあって（会社も少し危なくなり始めていたのでしょう）それに乗っかれたので、それなりの退職金はもらうことができた。

こうして、２００１年に退職する。

社長でしか見えない景色

ソニーを辞めて会社を設立して、いろいろなことがあったけどロボット業界でなんとか生き延びてきて、これからがビジネスの正念場だなーと思っている。

無謀なことにまったく新しい技術に挑んで、開発にも時間をかけた。ただ、それを販売するといってもノウハウがあるわけでもなかった。自分はソニーでは設計しかしていないんだから、それ以外のことがわかるわけがない。まさに何もわからない人間が、会社という総合芸術とでも呼びたいような組織を運営するという無謀なことをやってきた。

いくら夢があってもそれだけでは実現できないから、地道に頑張るしかないことも多い。

会社を作ったら経理も法務も営業もしなくてはならないのだ。僕はむしろ具体的に何かがやりたくてソニーを辞めたわけではなかったから、逆によかったのかもしれない。

僕はソニーを辞めて何をしたかったのか、自問することも多かった。

あえて言うなら社長になりたかった。たとえミーハーだと言われようと、社長でなければ見えない景色があるはずだと思ったし、実際に経験してみて、それは間違いではなかったと思う。

小さな会社とはいえ、社長になって運営してみると、社会のいろいろなことが見えてくる。ソニーの開発環境がいかに素晴らしいものであったか、ソニーの組織が何でそうなっていたのか、ソニーにいた人たちがいかに柔軟で優秀だったかなども、外に出て初めて理解できた。

海外も含めて、ソニー以外で僕が感心するような会社には未だ出会っていない。商品開発をしているのに社内に開発部門がないなんて会社に出くわすこともある。それでも会社が成り立つのだと逆の意味で驚きを禁じ得ない。

また、大事なのは社長に必要な素養は会社員の先にあるものではないということ。

何十年会社員をして優秀な仕事をしても、それで社長になるための十分な素養が身につくわけではない。僕も35歳くらいで自立していればまた違った生き方になっていたのではないかと考えることがある。早くそうするべきだったと少し後悔している。自立して起業する前に社会に出てある程度、社会の実際を肌で感じることは必要かもしれないが、長く続けるべきことではない。社長と社員は１８０度考え方が違うことも多いから。

世界を相手にすると決めれば世界は近い

僕は結局、ソニー時代に一番印象に残ったロボットでビジネスをすることに決めて20年近く頑張ってきた。うまくいっていないことも多々あるけど、うまくいっていることもたくさんある。

そろそろ、そういうノウハウを次世代の人にも引き継いでいかなくてはいけないのではないかと思い始めている。たとえば、僕が編み出した特許を最短で効率よく取る方法は、いろいろな会社で応用できるのではないかと思っている。日本のベンチャー産業を強化するのに役に立つのではないか。僕だけではなく、ソニーの素敵な文化や多くの人のさまざまなノウハウを集めて日本のベンチャー企業を支援していく仕組みが作れないものかとも考えている。

世界を相手にすると決めれば、世界は割と近い。世界の人たちは気軽に会ってくれもする。だが、そのためには自分がオープンになって、格好をつけずに子どものように積極的に世界に接していかなくてはいけないと考えている。

世界のトップ・レベルの人たちは、日本人には考えられないくらい一人で世界中を動き回っている。スマホのAndroid OSを開発したことで有名なアンディ・ルービン氏は、なんと当社のロボットを3台も買ってくれた。彼はロボットもラジコン・ヘリコプターも大好きで、日本にもしょっちゅう来ている。

秋葉原のロボットを扱う電気店の人の紹介で、当社にアンディが来ると連絡があった。実際、彼は一人で当社を訪れて、まだAndroidが世に出る前だったから僕は全然知らない人だったのだが、仲よくなってロボットの説明もしたし、秋葉原に甥っ子のラジコンの買い出しに行くというので、それにうちのワンコと一緒に付き合ったりもした（彼もワンコを飼っていたので話が合った）。

逆に僕がシリコンバレーに行った時、彼は数日間付き合ってくれて、スタンフォード大学（当時から自動運転車を研究していて、動くところを見せてくれた。今はＡＩで有名になられた松尾豊先生にも会えた）やベンチャー・キャピタルをはじめ、いろいろなところを案内してくれた。

一番印象的だったのは、当時、彼がAndroid事業のリーダー（のちに副社長）をしていたGoogle本社に連れていってくれた時のこと。正面から入るとセキュリティーが厳しいからと裏口から入れてくれた。おそらく彼特有のジョークの一つだったのだろうが、勝手口のような扉からスンナリ入れて、いろいろな人を紹介してくれた。Appleの創始者の一人だったスティーブ・ウォズニアック氏にも会えた。

そのあと再び外に出て、今度は裏庭のような所で一緒にラジコン・ヘリを飛ばした。それはアンディが作った自動安定化装置のあるローター式の電動ヘリ（ドローンではない）で、当時としては画期的な物だった。

発表前のAndroidの試作機も触らせてくれたし、彼がAndroidへの投資をGoogleに持ち掛けた時のプレゼン資料ももらった。10ページほどのシンプルな資料だが、世界を変えた資料の一つだろうから僕の宝物の一つだ。

日本人は偉くなると組織の長としての鎧兜を身にまとってしまい、礼儀やしきたりにうるさくなるが、それに比べると、世界はとてもフランクだ。そんなふうに気楽に世界と付き合えると、世界観がどんどん変わっていく。ソニーの盛田さんも、そうやってお友達を増やしていったのだろう。ソニー内では盛田さんのお友達リストが非常に大事な財産だともいわれていた。

「ビジネス・スピリット」とは何か?

もちろんフランクなだけでは、世界は面白がってくれない。自分自身に芯というか、確固たるものがなければ、誰も興味を示してくれない。そのためにビジネスの哲学が重要になってくる。

本書では、おいおいとその内容にふれさせていただくことになるのだけれども、最初にざっとした説明だけをしておきたいと思う。

その哲学を僕は「ビジネス・スピリット」と呼んでいる。「ビジネス・モデルとどう違うの?」という質問にはのちほど（第5章、第6章で）答えさせていただくとして、要点をご説明する。

ビジネス・スピリットとは、会社などの組織がどうビジネスに取り組むべきかの基本的考え方をシンプルに表現したもの。その組織がビジネスを成り立たせるための一番基本となる考え方、手法や分野を定義したもので、ビジネスを軌道に乗せるための魂（原動力）だ。

これが明確になっていると、その組織がビジネスを成り立たせるための一番基本となる考え方がはっきりしてくるし、手法や分野が定義されているから、社内の人間同士で議論する場合でも、考え方のベースを合わせられるため無用な混乱を避けることができる。また、社外から見た時も、その会社がどういう会社なのかを素早く把握してもらえるので、付き合いやすい。

たとえば、ホンダやトヨタのビジネス・スピリットは、「快適な乗り物を世界に提供する」だ。だから、ホンダやトヨタの場合は、ビジネスの対象は車でも飛行機でも、きっとロケットでもいいのだ。実現手段はエンジンでも、燃料電池でも、モーターでも、ロケットでも何でもいい。だから、設立当初から今でもほとんど「ビジネス・スピリット」は変わっていないといえる。

他の例をあげれば、花王やP&Gは「化学製品を活用して家庭を楽しく快適にする」だろう。もともと洗剤など洗濯をはじめ清潔に関係する商品から出発していたはずだが、今ではそこから幅を広げて家庭を快適にするための商品なら何でもOKと、取り扱い商品の幅をぐんと広げている。扱う品目は変わっているが、基本的な「ビジネス・スピリット」はあまり変わってはいない。

では、コーヒーなどを提供するカフェのビジネス・スピリットは何だろうか？

もともとは「おいしいコーヒーないしは飲み物を提供する」だっただろう。数十年前の喫茶店ブームの時にはそれでよかったのだろうが、今のカフェの「ビジネス・スピリット」は少し様子が変わってきている。

僕は毎朝、ワンコの散歩があるからその途中、公園横のスターバックスに寄る。ワンコOKのテラスで時間を過ごしていると、そこに集まってくるお客さんたちはとてもフランクに話しかけてくれる。僕もフランクに応える。お客さんとフランクに話せることも大事なのだけれど、僕はそのお店で働く店員のお姉さま方とのやり取りがとても気持ちよく、お姉さま方たちとの会話を楽しむ時間も大事なのだ。

正直、味だけを求めるならスタバには行かないと思うし、価格面ではドトールに負けてしまう。それでも僕はスタバにずっと通い続けている。かれこれ20年になるだろうか。

どうしてこれだけ長く続いているのかというと、スタバは「飲み物を提供することをベースにお客様が快適に過ごせる場所や人を提供する」ところだからであり、僕はそれをとても気に入っているからだ。

そしてそれがスタバの「ビジネス・スピリット」であり、昔の喫茶店の在り方から脱皮した新しい形態のコーヒー提供サービス（スピリット）だ。さらに詳しくは第5章で解説させていただく。

日本にビジネス・スピリットはあるか

日本人は、ビジネスに不可欠なビジネス・スピリットを考え出すのが得意ではない。

なぜなら、今まで日本はビジネス・スピリットを真剣に議論してこなかったからだ。戦後の繁栄期の日本は、欧米に追いつき追い越せでがむしゃらに頑張っていればよかった。ビジネスの哲学、つまり「ビジネス・スピリット」は欧米各国がすでに提供してくれていたから、考える必要がなかったのだ。議論の必要もなければ、吟味する時間も与えられなかった。お膳立てされた土俵で相撲をとってさえいればよかった。

結果、日本は欧米に追いついたものの、そこから前に行こうと思っても、方法がわからず途方に暮れてしまうことになる。誰も、ビジネス・スピリットの考え方を教えてくれなかったから。

本来、自分で考え出すべきことなのだけれども、教えてもらっていないからその創造の仕方がわからない。そうこうしているうち（失われた20年）に欧米は単品のものづくり文化から脱出し、ネットやスマホなどのプラットフォームに基づくSaaSなどの新しいビジネス・スピリットを生み出し、ＧＡＦＡ（Google, Apple, Facebook, Amazon）などが世界の多くの情報と富を押さえてしまった。

昨今、日本で何か新しい画期的なビジネス・スピリットが生まれたことがあっただろうか？

こうした現状を克服しないと、日本に未来はないと思うのだが、どうだろうか。

最近、日本の某お役所が５Ｇより高速な６Ｇの開発を加速すると発表していた。しかも、そのヘッドに座っているのは某大学の学長とのこと。片やイーロン・マスク氏は、宇宙に衛星を多数打ち上げて携帯電話が届かない地域をなくすのに尽力している。どちらのビジネス・スピリットが人の気持ちを惹きつけるか、考えるまでもないように思うのだが。

インフラにしてもＥＣ技術にしても、世界はどんどん近くなってきているのに、日本は一向に昔ながらの単品のものづくり文化から脱出できていない。そもそもビジネス・スピリットという哲学が必要なことにも気がついていないから、創造の第一歩を踏み出せていないのではないか。

これからの時代に問われること

僕がソニーを辞めた頃と比較してみると、世界がずいぶん近くなったなーと感じる。思いつくままあげてみても、

①インフラ／メディア：Facebook, Instagram, YouTube
②ものづくり：無料の３Ｄ　ＣＡＤ、安い３Ｄプリンター
③ＥＣ：PayPal, Shopify, Amazon
④知財権の守り方：特許の気軽な取り方

など、以前とは比較にならないほど世界が近くて便利な社会になった。

先日、僕の会社のFacebookページで何気なく上げたビデオが100万リーチに達して驚いた。しかも「いいね！」をくれた人の90％が海外の方だった。それもなぜかインド周辺の国、ネパールやパキスタン、フィリピン、インドネシアなどでびっくりした。

その後に別のビデオで広告をアジアに向けて出してみたら、たったの3000円で20万リーチに達した。一般的なイベントなどに高額なお金（50万円以上はかかる）を出して出展しても、見てもらえる数はせいぜい数千だ。プレスリリースしたとしても、3万円ほどかけても見てもらえる数はそんなに多くない。

これはどういうことかというと、イベントするより、プレスリリースするより、Facebookで直接広告したほうが安くてよいということになる。メディアの在り方が変わってしまったのだ。


ものづくりに関しても、たとえばロボットを試作するのもすごく簡単になった。

設計をするツールである3D CADも、今はFusionなどの高性能な3D CADが個人ならタダで使える。企業で使っても年に数万円だ。昔は購入するのに数百万円から数千万円していた。部品の試作も、昔は10センチくらいの小さな部品でも削り出しで作ると10万円以上した。今は３Ｄプリンターでプリントすれば数百円で済むだろう。しかも、一晩あればできてしまう。今は３Ｄプリンターで製品を作ることもできるようになってきた。

ＥＣ（電子商取引）に関しても、有名なAmazonなどももちろんあるけれど、PayPalやShopifyなどの、誰でも手軽に使えるＥＣ／決済サービスもどんどん使われ始めている。これを使えばカード決済をしても４％弱の手数料で済んでしまう（Amazonは8〜15％）。PayPalを使うなら毎月の費用も発生しない。誰でも手軽に世界を相手にするＥＣショップが持てる時代になったのだ。

こうした手の届く技術を組み合わせることで、これからはますますビジネスに国境がなくなり、世界が近くなり、どこでもビジネスができる環境が整っていく。

そうなると、どんなビジネスをするかのアイデアがますます大事になってくる。ＧＡＦＡなどのネットサービス企業が提供してくれるプラットフォームやインフラを生かして、世界の人に向けて何を貢献できるのかが問われてくるのだ。

新型コロナウイルスは世界を変えてしまったのかもしれない。もちろん、ネガティブにとんでもないことが起きてしまったなーと考えるが、一方で、今まで技術はあったのに一向に実現されなかったテレワークや遠隔授業などが、あっという間に実用化されるようになった。もしかしたら人間の生き方を根本的に変える出来事になるのかもしれない。

ネットを通したサービスがますます重要度を増していく世界の中で、日本が取り残されないようにするには、まったく新しいアイデアで世界に貢献することを目指す人たちが生まれてくる必要があるのではないだろうか。

そうなると、昔のソニーのようにアイデアを大事にし、自由な発想でビジネスを考えていくことが必要になってくる。アイデアを大事にする時代が再び来たのだ。アイデアを大事にし、しかもそれを実現するプロセスもどんどん変えていけて、組織に囚われない柔軟さを持った新しいタイプのビジネス体が必要なのだ。もしかしたら、それができるのはこれまで頑張ってきた会社組織ではないのかもしれない。

これを実現するためには、日本からソニーのような柔軟な文化を持った会社をたくさん生み出すことだ。小さなソニーをたくさん創ってそのファウンダーをたくさん生み出すことができれば、日本も変わっていけるだろう。僕もそれに貢献したいと思っている。

第1章

会社を作ってはみたものの

職人か、社長か

退職金ももらって、いよいよ自立すると思うとうれしくて仕方なかった。それまで会社に縛られて思うようなこともできず、何を目標に仕事をしているのかもわからないまま生きている感じだったので、そこから自由になれるという喜びでいっぱいだった。

1週間くらいは本当に何もせずただのびのびしていた。満員電車に揺られて会社に行かなくてよいのだからこんなに楽なことはない。さて、これから何をするかとも考えてみたが、「これぞ」という案もなかった。

「社長になりたい」という以外に、昔から何かの職人になりたいという望みもあったので、家具職人や靴職人になろうかとも思った。職人なら会社に縛られずに自立できるのではないかという考えだった。

知り合いの伝統的木工作家の方とも話をし、一緒に家具製作の仕事をしようかという話もあった。またその方から、金工、漆工芸などの方々も紹介いただきお話を伺いに行った。特に漆の工芸家の方の漆工房（都内にある）を見せていただき、ものすごく感動した。日用的な漆製品と違い、その方の漆の工芸品が素晴らしく手の込んだ芸術作品であることがわかり、真剣に弟子入りしようかと考えた。

お話を聞く限り、芸術的要素ばかりでなく科学的要素もあるから僕にも適性があるように感じたし、その方も僕を気に入ってくださったようだった。

その方（室瀬和美氏〈＊3〉）は当時から一級の芸術家だったけど、のちに人間国宝になられたので、僕の人を見る目も間違ってはいなかったようだ。今思えば、その道を選んでもよかったように思う。アーティストとして大成するかどうかはわからないけど、ある程度のことはできたのではないかと思う。先生のお手伝いをするだけでも幸せだったろう。人生の選択肢として選んでもよかった道だったと思う。選択しなくてちょっと残念だったことの一つだ。

どの分野でも、世界的に見てトップ・レベルの方というのは人間的にはごく普通に感じられる方が多い。その漆の工芸家の方もまったくど素人の僕にもごく普通に接してくださったし、僕にもやればできるのではないかという錯覚を与えてくださった。そういう方を見つけた時に、僕たちはその縁を大事にしなくてはいけないのだ。

漆工芸の方に弟子入りすることにためらったのは、やはり「社長になりたい」というのが第一の望みだったからで、それに一歩でも近づかなくてはならないと思ったから。お話を伺って、本当に魅力的に感じたし、技術も素晴らしかったし、僕にも適性がありそうだと思ったけど、それでもその道を進もうと決断できなかったということは、自分の目標は「社長になること」なんだと確認できた。

手続きはすべて一人で

しばらくするとさすがに何かしなくてはと思い始め、とりあえず会社を作ろうと思った。どうやって会社を作るのかネットで調べて、登記所で登記すればよいのだとわかった。費用がどれくらいかかるのかも知らなかったので心配だったが、自分で登記すればあまり費用がかからないこともわかったし（設立費用20万円前後）、年間の維持費も法人都民税が7万円かかる程度で、それ以外、特に必要なこともなく、備品や必要なものの購入も経費処理できるから、自分の会社があるだけでも得なこともあるようだった。まあ、会社を持っていて損になるようなことはなさそうだし、「社長！」って呼ばれるだけでカッコいいではないか。

登記所に出向いて会社設立の方法を聞いた時、まずは登録する会社名の調査が必要だと教わった。登録する会社名が管轄の法務局内に類似のものがなければ登記できる。なんと緩い縛りなのだろう。商標の登録が、特許庁に登録されているすべての商標と被らないようにする必要があるのと比べたら、はるかに簡単だ。

　会社設立には定款というものを作らなくてはいけない。会社が何を目的にするかということを書いた書類だが、そこには事業する範囲を書かなくてはいけない。まだはっきり決まっていなかったから、いろいろなことを書いておいた。ロボットの開発、製造、販売も書いたし、機器の販売とか、場所貸しとか、工芸品製造や販売とかいろいろ書いておいた。たくさん書いても費用が変わるわけではないからどんどん書けばよいのだが、ここに書いていないことは会社として業務にしてはいけないので、どんどん書いておくに限る。

「法人」という言葉は何とはなしに知ってはいたが、それが「法的な人格」という意味なのだと知ったのもその時だった。人間ではないけど、法律的に人格があるかのように扱うぞ！という意味なのだろう。だから名称も与えるし、登記もするし、法律も守らなくてはいけないし、税金も払わなくてはいけない。法人にお金を出す人が株主で、それを管理する人たちが取締役で、さらにそのトップが代表取締役なんだと知って、人間が考えた英知だなーと思って感動した。個人で責任を持つのではなく、法人というものが事業の責任を持ち、その代表者を株主が決めるというやり方がとても美しく思えた。僕もその一翼を担えるのかと思うとうれしかった。

申請書類を提出して2週間ほどで会社が登記された。

なんだかうれしかった。これで僕も代表取締役社長だという実感が湧いてきた。

最初に会社を作った時から僕は自分でできることはほとんどすべて自分でやってみた。会社の登記も、経理も、商標の登録も、税務なども直接お役所に行き、担当の方とお話ししてみると皆さん親切に教えてくださる。代理でやってくださる業者さんもいるし、びっくりするほどの費用はかからないかもしれないが、自分で会社のことを深く知るという意味でも、一度は自分ですべてやってみるというのもよいことだと思う。

何もすることがない

会社ができて数日はとても楽しかった。知り合いに会っても「いよいよ社長だねー」「頑張ってね」なんて言われると、もう有頂天だ。お金もまずまずあったし、働かなくても5年くらいは生きられそうだったから気楽なもんだと思っていた。少しは格好つけようとか思って、多少贅沢なＰＣを買ってみたりもした。

だが、楽しかったのはその辺までだった。自由な時間はあるのだから、仕事は何でもできそうな気がするのだけど、実際は仕事など何もない。何もすることがないのだ。いくら技術に自信があっても仕事がなければ何もできない。営業しないと仕事がないのだ。当たり前だが、世間から見たら自分はそういう非常にバランスの悪い人間なんだということに気づかされた。

しかも、毎月入ってくる給料はない。蓄えはあってもちょっとずつでも使うとお金は減る一方で、増えることはない。

お金を使うのは簡単だ。いざ数十万円使ってみると通帳の残高がどんどん減っていく実感がする。このままではえらいことになるなーと気づくのにそう時間はかからなかった。５年間何もしなくて生きていけたとしてもその後はどうなるか？　まだ45歳だったから年金をもらえる年齢でもない。

あー、稼がないといけないのだとその時やっと気がついた。稼ぐということがどういうことかが腑に落ちた瞬間だった。

考えてみると僕は何でも頭で理解することがなかなかできなくて、その場になって周りの状況が腑に落ちて初めて本当に理解できる。手間のかかる人なのだ。

ロボットで仕事をする

さて、仕事を見つけなくてはいけない。

仕事さえ見つかればそれをうまくやることはできるだろうとは思っていた。

そのためにはどうするべきか。仕事をしてもらう側の立場に立てば、なるべく安く確実にいい仕事をしてもらいたいということであることは考えればわかった。そう考えると他の人より自分が得意なことは何か、自分の経験が最も生かせることは何かを決める必要があるな、という結論に至った。

それは結局、他の人がやっている仕事と自分の仕事とをどうやって差別化するかということに他ならない。

さて、自分が他の人より得意なことは何かと考えた。ＩＴ機器のシステム設計には自信があった。他の人よりいいものを作る自信もあった。だが、それだけでは何か足りないように思えた。システム設計なら他にも得意な人はいくらでもいる。決定的な差別化にはならないように思えた。

そこで考えたのがロボットだった。ソニー時代に最も衝撃を受けたのがＡＩＢＯを最初に見た時で、開発の経験をしている人は世の中にほとんどいない。ロボット関係者はたくさんいるけど、僕の経験は自分の心に染み入っているし特殊でもあったから、話をすると皆さんとても興味を持ってくれる。差別化するにはやはり自分しか経験していないことを打ち出すのが一番よく、決定的だなと思えた。

そこで、ロボットで仕事をすると決めた。

ロボットで仕事するといってもいろいろ考えられる。販売もあるし、開発もあるし、下請けの開発とか、イベントするとかもある。

僕はお金を稼ぐためだけに仕事するのはもうごめんだと思っていたから、やはり開発をするのがいいだろうと考えた。たぶん、ここが一般的な人と僕の考え方が決定的に違うところだと思う。普通はやはり稼ぐことが最重要課題なので、稼ぎやすそうで実際稼げそうな分野を選ぶのだろうと思う。

だが、僕は昔から発明家的な人間になりたいと思っていたから、今さら稼ぐために自分の意思を曲げるのは本能的にできないと思っていた。

要は稼ぐのも重要だけど、それ以上に自己実現をしたいという欲求が強かったのだ。今思えば、なんと無謀なことを考えていたのだろうと思う。すぐに稼がなくてもよいとはいえ、なるべく早く稼げる環境を作らないといけないのに、そんな考えでよいのだろうか？　今の僕ならとても勧められるやり方ではないが、でも、妥協がないから本質をとらえていたともいえる。

初仕事「ＡＩＢＯミュージカル」

さて、ロボットでビジネスをすると決めて、開発的な仕事に的を絞ろうということで方向性は定まった。だけど、それだけで仕事が決まるわけはない。仕事を見つけなくてはいけない。これがいわゆる営業だと腑に落ちた。だが、知らない人にいきなり仕事くださいと頭を下げても仕事をくれるわけがない。

ＡＩＢＯの事業部長とかとは話せる関係だったので、何か仕事ができないかと相談してみた。ＡＩＢＯを外部からコントロールする方法はよく知っていたから、ＡＩＢＯを使って何かイベント的なことをすればＡＩＢＯの宣伝にもなるのではないか、と相談してみた。

　しばらくして返ってきた返答が「ＡＩＢＯミュージカルをやらないか？」だった。

　今思うと、これは正に営業的にうまくいった例なのだと思う。うまくいかせようなんて思っていたわけではないのだが、先方のニーズにこちらが提案したことがうまくマッチできた瞬間で、実社会ではなかなかこういうふうに順調に進むことはなく難しいことなのだということは、今の僕にはよくわかる。気楽に話せる顧客候補様がいるということはとても重要だ。営業というのは奥が深いと思う。


　ＡＩＢＯの事業部長から話を聞いた時、「ＡＩＢＯミュージカルとは何だ？」と一瞬思った。話を聞いてみると、ＡＩＢＯのイベントがいろいろやられていたけれど、それを盛り上げるための目玉が欲しいということで、多数のＡＩＢＯをコントロールしてミュージカルをやりたいということだった。

　それまで１台のＡＩＢＯを外部ＰＣから動かす方法はできていたけれど、多数のＡＩＢＯを一度に動かしたことはなかったし、ましてやミュージカルとなると、複数のＡＩＢＯが会話しているように同期して動作しなければならなかったから、とても難しいことのように思われた。

希望を聞くと、総勢15台くらいでやりたいとのこと。そうなると15台のＡＩＢＯが十数分の間途切れることなく動いていなければいけないから、バッテリーの管理も大変だ。

でも、とても面白そうな仕事に思えたし、ロボット業界的にも画期的な仕事だと思えたので、前向きにやることにした。

やらなくてはいけないことがたくさんあった。

（1）実現可能なミュージカルのシナリオを作る
（2）複数のＡＩＢＯを同時に制御する制御ソフトウェアの制作
（3）各ＡＩＢＯの動きを作る
（4）各ＡＩＢＯのセリフを声優さんで収録
（5）音楽も用意する
（6）複数のＡＩＢＯで動作を実験
（7）バッテリーの高速充電と管理

どれもとても大変なことのように思えたが、頑張ればできそうな気はした。

この仕事をさせていただいたことで、ソニーがイベント実施にかける情熱がすごいことも目の当たりにすることになった。

それまでソニーにいても、設計部隊の人間はイベントそのものには説明員としてお手伝いする程度で、イベントの裏側を担当者としてみることはなかった。だが、今回はその裏側の人間として、しかもソニー外部の人間として経験することになった。今振り返っても、今までで一番素晴らしいイベントだったし、こんなことができたのは事業部長と話ができたからで、ありがたいことだったと思う。

ロボット・ビジネスの原点

以下は、当時のソニーの発表記事だ（AIBO DREAM MUSICAL〈＊４〉）。

ＡＩＢＯによるミュージカル〝AIBO Dream Musical Winter 2002 ～ AIBOが街にやってくる～〟を制作、今回のＡＩＢＯ体験イベントでの特別編上演を皮切りに、全国５

都市（東京／札幌／大阪／名古屋／福岡）で順次上演する。このＡＩＢＯミュージカルは、ERS-210A計15体が出演しさまざまなパフォーマンスを披露する。ＡＩＢＯの動作制御プログラムには、複数のＡＩＢＯを1台のパソコンで管理／動作できるソフト「ＷＡＴＳＯＮ（ワトソン）」（開発：（有）ナビゲーションネットワークス）を採用、無線ＬＡＮを利用して、ＡＩＢＯ1体1体にそれぞれ異なった演技やダンス等をさせる。ミュージカルの入場料は無料。

「ＷＡＴＳＯＮ（ワトソン）」というのが、当社で開発した多数のＡＩＢＯを同時制御するソフトウェア。会社名まで出していただけてありがたい限り（当時、当社は〝スピーシーズ〟に社名変更前の〝ナビゲーションネットワークス〟だった）。今でも“AIBO Dream Musical”で検索していただければ、当時の記事を見ていただくことができる。

　仕事は、直接的には当社はソニーが関係するＰＲ会社から発注を受けた。さすがソニーは関係するＰＲ会社まであるのだね（それもソニー社内にいる時は知らなかった）。ブランド・イメージを守ることにいかに投資をしているかの表れといえよう。これ以降、いろんな会社と付き合ったけど、ブランドの統一感を出すために関連会社でＰＲまでまとめてやるようなことをしていたのはソニーだけだった。

ちゃんと舞台のシナリオを考える作家さん（その方は舞台俳優さんもされていた）もいて、その関係の方で声の収録も行っていただいた。シナリオの案を見せていただき、何度か打ち合わせをしてブラッシュアップしていき、技術的に不可能なシナリオは避けていただいて、素敵でかつ今の技術で実現できそうなものを決定。

舞台作家さんなどとお付き合いしたことはなかったから楽しかった。とんでもない要求もされたけど、話し合って説明すればすぐに理解してもらえた。分野の違う方と話すのは楽しかった。その後の経験でも、こんなに建設的な話し合いがトントン拍子に進むことは珍しいと思う。やはりソニーの新しいことにかける情熱やチームワークは素晴らしいのだ。

こちらサイドでは、15台のＡＩＢＯを同時制御するソフトウェアを開発しなくてはならなかった。制御コマンドを各ＡＩＢＯに送ればよいのだけれど、時間的なズレがあってはいけないので、1台のＰＣで制御しようと考えていたが、制御できる台数には限界があることが判明した。仕方ないのでＰＣは2台使い、同期させて使うことになった。

制御ソフトの制作は知り合いのソフトウェア・エンジニアの方にお願いした。バッテリーの管理にも気を遣った。上演時間は確か15分くらいだったと思うのだが、それを1時間ごとに上演するとなると、バッテリーの充電が大変なのだ。一般に市販されているＡＩＢＯ用の充電器は1個を充電するのに数時間かけなければならないのだが、ソニー社内には一度に4個を高速充電できる充電器が存在することを知っていたので、なんとかお願いしてそれをＡＩＢＯ事業部から借りて実施することになった。こういう事態でもすぐに対応してくれる。さすがにソニー、底力が違う。

15台のＡＩＢＯに別々の振りつけをし、それを全体のストーリーとして完成させるのは半端な作業ではなかった。先ほどもふれたけど、技術的に実現できるものでなければならないのだ。これはできない、これならできるか、を繰り返した。侃侃諤諤《かんかんがくがく》があったけど、そこは舞台のプロだけあってシナリオ作家さんがすごかった。最終的に技術的な問題をクリアした感動的なシナリオができ上がった。餅は餅屋だなーと納得させられた出来事だった。

動きを作りセリフを同期させるなどの作業は、僕がＡＩＢＯ事業部にいた時からお付き合いのある会社（エンジニア）さんに頼んだ。とても自分一人でできるような仕事量ではなかったのだ。

このようにして完成した「ＡＩＢＯミュージカル」はソニービルを皮切りに全国で上演し

たが、一番よく覚えているのは、東京・お台場のメディアージュのホールで上演した時だった。とてもきれいで素敵なホールで音もよかったし、舞台も広くてあつらえも照明も豪奢《ごうしゃ》で、15台のＡＩＢＯが一斉に動作して演技するさまは本当に夢のようだった。

しゃべるＡＩＢＯに照明が当たってきれいな音楽が流れると、それだけで感動的と思えた。

おそらく今までで世界で一番美しいロボットによるミュージカルだったと思う。

「ＡＩＢＯミュージカル」で得られた、「ロボットの美しい動き・セリフ・シナリオで皆さんを感動させたい」という思い。これが僕のロボット・ビジネスの原点なのかもしれない。

お金を稼ぐのは難しい

ソニーが行うイベントはお金がかかっている。僕が今まで経験したイベントではこれ以上お金がかかったイベントはなかった。しかもそれを短期間に実現してしまうのだからソニーは本当にすごいと思うし、僕らみたいな出来たての会社に大事なキーとなるシステムの開発を任せてしまうというところもまたすごい。

とても楽しいイベントだったし、そこそこお金ももらったのだけれど、作業を外注したのでその費用が結構かさんで、結局自分の儲けというのはあまり大きくはなかった。ソニーの底力と自分でお金を稼ぐことの難しさを痛感した初仕事だった。

仕事というのは、出ていくお金と入ってくるお金のバランスを取って自分の利益を確保することなのだと思い知らされた。

この調子でどんどん仕事できるかな？　と迂《う》闊《かつ》に考えてしまったのだが、実際はそんなに甘くはなかった。結局、今回もソニーの看板の下でさせていただいた仕事で、完全に自力で得た仕事ではなかったから。

残念ながら、その後ソニーとのご縁も切れてしまった。

第2章

初のロボット開発

「とりあえず、やってみる」

自力で仕事を得るようにしないと、結局、会社の存続が危うくなると気づいて、そのためにはどうするべきなのかを考えた。ここは、やはりオリジナルのロボットを開発すべきなのだろう。AIBOでの経験があったから、ハードの設計自体は頑張ればどうにかできそうな気はしていたが、それ以外にどんな課題があるのか、まったく考えつかなかった。

エンジニアの僕にはそういうふうな傾向があって、バランスが悪い。今から思えば、この時点で次のようなことを考えるべきだった。

（1）設計
（2）必要なマンパワーの計算と確保
（3）開発パートナーの選定
（4）量産の工程と工数
（5）量産のための部品入手費用算出

（6）ソフト開発の工数算出
（7）顧客サポートの方法

だがまあ、こんなことをまともに考えていたら先へ進めなかったともいえる。こんなのにかかる費用の計算をして実践したら、僕のお財布はすぐに空っぽになってしまうのは目に見えているから、どう考えても先に進もうとは思わなかっただろう。楽観的によい結果を考えることも重要だろうが、考えないことで得られるメリットもある。

そうこうして動いているうちに、結果的にはいいパートナー企業を見つけられたことで、課題の多くが解決できた。もし動き出す前に前述のようなことを真剣に考え実行に移していたら、ロボットの開発などいつになってもできなかっただろう。

パートナー企業が見つかるまで僕は、とにかく「設計をしなくては」という思いだけで、当時どんなロボットが世間に出回っているのかを調べ始めた。

今の日本に欠けているのはこういう「とりあえずやってみる」といったチャレンジ精神ではないだろうか。やってみて、結果を見てその先に進むか進まないか決めればよいだけだと思うのだが、多くの会社はお役所と一緒で、一度決めたことは修正ができないから最初の検討をとても重要に考え、絶対に成功するという判断がつくまでスタートしない。そんなイメージがある。その点、ソニーはスタート時のお尻はとても軽かった。

「ロボワン」にビジネスのヒントを探る

当時のロボット市場を調査し始めると、2足歩行ロボットを戦わせて誰が勝つかを競い合う「ロボワン」というイベントが流行り始めていたことがわかった。僕がやりたかった2足歩行型のロボットを使っているし、いろいろな人（個人）がいろいろなタイプのロボットを開発していて、戦いのレベルの高さには目を見張るものがあった。

当時、ＡＩＢＯでサッカーをするというイベント（ロボカップ）というのは世界で行われていたが、それはあくまでボールをゴールに入れて点を競う戦いであって、直接的にロボット同士が戦うというものではなかった。

21世紀に入って間もない頃、大企業で開発したロボットには本田技研工業のＡＳＩＭＯがあり、等身大のそれは購入すれば数千万円～1億円といわれていた。また、ソニーではＳＤ

R（＊5）という60センチほどの2足歩行ロボットを開発しており、すごく精度の高い優秀な部品を使っていたことから、販売するとすれば５００万円という途方もない値段が検討されていた。それらからすれば、ロボワンで扱われているロボットは個人でも手の出る数十万円程度だったから、価格的にとてもリーズナブルなものだった。ＡＳＩＭＯの１００分の１以下の価格が安いか高いかは人によって変わってくるだろうけれども、イベントとしての楽しさは素晴らしいものだった。

「ロボワン」という、２足歩行ロボットが戦って倒し合ったり、場合によっては壊れるまでやり合うイベントは興奮の渦だった。ボクシングのレフェリーにあたる審判や、アナウンサーや解説者が戦闘を盛り上げ、イベントとしてよく考えられていた。

きっといろんな分野の方々がボランティアで盛り上げていたのだろう。戦うリングの上も興奮の渦だったけれど、出場者がその前に準備をするブースも熱気のあるものだった。皆さん必死に最終調整に励んでいた。それを見せるというのもイベントの一部となっていた。やはり技術だけではなく、そういうマーケティング的な視点も重要なんだなーと、経営者として多角的にイベントを俯瞰していた。

ちなみに、チャンピオンに輝いた方とそのロボットは皆から「神」と呼ばれていた。今でも「ロボワン」はいろいろと戦いの形態も増やしながら進化していっているから、ご興味のある方はぜひご覧になってください。

これからロボットでビジネスをする身として、いろいろなことを考えさせられた。「ロボワン」で戦うロボットの今後の技術的課題など、ビジネスにつながるあれこれを考えたりした。

ＮＡＳＡも使用するロボット用サーボ

当時は、ロボット用のサーボモーターというのがやっと市場に出始めた頃で、実用化はこれからという状態だったから、ほとんどのロボットは一般ホビー用（ラジコンなどで使うもの）のサーボモーターを流用して開発されていた（サーボモーターとはロボットやラジコン自動車などの動く部分に配置し、関節や車輪の角度を変えるための装置で、モーターとギアと制御基板が内蔵されたもの）。

ロボワンの参加者たちのウェブサイトを閲覧しては、ネットを通じて調べていくうちに、とある小さな技術開発会社にたどりつくことになる。

その会社は韓国のサーボベンダーのサーボモーターを販売していて、それを使ったロボット開発もしていたから、興味をそそられてしまった。なんだか面白そうなことが待っている。そう直感した。エンジニアの勘というところだ。

さっそく電話をして「ぜひ見学したい」とお願いし、会社を訪問させてもらった。川崎の小さなオフィスで営業している会社だった（今でも同様の企業形態で存続している）。

見学させていただき、当時出始めたばかりの韓国製ロボット専用サーボモーター（ROBOTIS社）を使ったロボットを見せていただいたが、その仕様の素晴らしさと実際の動きの精密さに驚かされた。そのロボットは2足歩行するばかりでなく、立った状態で後ろからグッと押すと倒れないように踏ん張ることもできた。要するにサーボ自体が体の状態を察知して（これを「センスする」という）、踏ん張ることができたのだ。

一般的なホビー用のサーボはＰＷＭ式といわれ、ＰＷＭ波形というアナログ信号の信号幅を可変することで目標角度を決定していたのだが、そのサーボはコマンド式サーボであり、要するに小さなサーボモーターの中にマイコンや角度センサーなどを内蔵して、メインのＣＰＵから来るコマンドを解釈して目標角度を決定していた。内部にマイコンがあるから逆に今自身のサーボがどういう状態で、どれぐらい力を出しているか、目標角度とどれだけずれているかなどがセンスできるのだ。

ロボット用サーボの新しい時代を感じる商品だった。

結果的にそのROBOTIS社は今では小型のロボット用のサーボベンダーでは世界一になったといっても過言ではないと思う。ＮＡＳＡですら宇宙で使っているという。僕も製品に使っているがとても信頼性があり、品質も安定している。やはり先見の明を持って新しいことにチャレンジすれば、成功する確率は高くなるのだと思う。

ロボワンというイベント自体を最初に企画したのにも、その技術開発会社が絡んでいたと聞いて二度驚いた。その会社経由で、ロボワンに関係している方々を紹介してもらったりもした。さらに驚いたのは、韓国ベンダー（ROBOTIS社）にロボットやサーボモーターの開発のノウハウを教えているのも、その会社であるとのことだった。その会社は、もともとは日本の大手企業などからのハードやソフトの開発を受託している会社であることがわかった。ロボットは、趣味的に息抜き程度にやっている開発だとのことだった。

なるほど、そういうやり方で会社を成り立たせているのかと感心する出会いであった。その会社には、その後基板やソフトウェアなどの開発をお願いすることにもなった。

どの業界でも、きっとこういう感じでフィクサー的に業界を操っている会社があるから、そこを探し当てられるかどうかが結構、重要なファクターになってくる。そういう会社は大企業というわけではなく、一代限りの代表者がその個性で運営していることが多い。

サーボモーターの開発会社と知り合い、話を聞くにつけ自身でもロボットを開発したいという欲求が強くなったし、さらに、そのキーパーツであるサーボモーターを開発したいと強く思うようになった。すごく将来性のあるパーツに思えたから。

僕はその頃ラジコン・ヘリコプターに凝っていて、大会に出たりラジコン飛行クラブの幹部のようなことをしたりしていたこともあって、あるラジコン機器ベンダーと仲よくさせてもらっており、最高級のプロポ・システム（操縦用の機材）を無償で提供してもらってもいた。ある意味、そのベンダーのテスト・パイロット的な位置づけだったのだ（飛行の腕はまあまあだったが、技術的にはかなり頑張っていた）。その関係でラジコン・ヘリの世界チャンピオンさんとも知り合いだった。

話はそれるが、その分野の世界チャンピオンという方々も本当に素晴らしい方ばかりだった。誰にでも操縦を指南してくださり、その指導がとてもわかりやすくて的確だった。

「ヘリでロールするにはね、操縦スティックを右に倒して下に下げればいいんですよ」なんて感じで、気軽に教えてくれる。実際やってみると、本当にうまくいくということが多い。

考えてみると、僕がロボットをやり続けていられる理由の一つは、ラジコン・ヘリでこういう方々から教わった各種のノウハウ（勘）のおかげもあったのかもしれない。何事も本気でやっておけばどこかで役に立つという教訓である。

「協業」を初めて知る

そういえば、そのラジコン機器ベンダーさんはまだロボット用サーボを販売していない。

「一緒にロボット用サーボを開発しませんか」と持ち掛けることにした。

技術的には僕はＡＩＢＯのノウハウも持っているし、ラジコン・ヘリでのお付き合いで向こうも僕のことはよく知っていたし、先の技術開発会社が国内のサーボベンダーもロボット用サーボを開発するべきだと考えていたので、手伝ってもらえることになった。

そのラジコン機器ベンダーさんのラジコン・ヘリの窓口の方経由で副社長さんにお会いすることができた。何回か打ち合わせをさせていただき、うまい具合に一緒に開発しようということになった。

ロボット用サーボの仕様を一から一緒に考案し、それを制御するためのＣＰＵやバッテリーなども全部そのベンダーさんの費用で開発でき、それらのパーツを使って僕の会社でロボットを設計して販売するという計画を立てた。パーツ代も特別な販売代理店という位置づけにしてもらって安く購入することができた。

何回目かの打ち合わせの時に、副社長さんから「協業しましょう！」と言われたのを今でもしっかりと覚えている。実をいうと、「協業」という表現をその時、初めて知った。会社同士がお互いに補完し合って一緒にビジネスをすることを「協業」というのだが、要するに「単なる下請け開発ではないよ」という意味で、僕の会社を対等に扱ってくれるというありがたいお申し出だった。

帰りの車を運転しながら、「よっしゃー！」と叫んでいたこともセットで覚えている。

その会社と協業できたことで、ロボット開発初期に必要な部品開発の費用や手間、技術などを流用させていただくことができた。先方にしてみれば僕のノウハウをいろいろと使えたのだから、持ちつ持たれつといえるだろう。今でもその頃のエンジニアの方や副社長さんとはFacebookでつながっている。

この件も営業的な観点から考えれば、顧客のニーズとこちらが提供できることがうまくマッチングした好例だと思う。なかなかあることではないと思うが、当時はすんなり決まったように感じて有頂天だった。

いいパートナー企業を見つけることはとても大事だ。大企業ばかりではなく、自社を技術的に補完してくれる小さな会社の存在は実はとても重要で、いかに協力関係を作れるかが大切だ。

ロボット第1号

その会社さんのサーボモーターなどを使って当社で開発したのが「ＳＰＣ－００１」（写真1）で、当社の記念すべきロボット1号機だった。ＳＰＣ－００１は60センチほどの比較的大型のロボットで、それに合わせて開発したサーボモーターはかなりの大トルクモーターだった。開発には僕も深く関わっており、トルクや速度などの仕様を検討したり、コマンドの内容を精査したり、ロボットの骨格との取り付け方などの検討にも協力したりした。

ロボットを部品から開発できるなんて、そうめったに体験できることではない。しかも開発費は先方持ちで、こちらのエンジニアの開発コストまで持っていただいた。今思えば信じられない好待遇だったと思う。当時の経営者の方は結構、肝が据わった方もいたのだ。好待遇を提供することが、いい物を開発するためには必要であることを理解してくださっていたのだろう。

もしケチな待遇だったらあまり本気になれずに、適当に働くことになっていただろうが。開発案件ではどうやってエンジニアのモチベーションを上げるかもとても大事な要素だ。

無事に開発は進んでいった。問題というほどではないが、60センチもあるロボットが素早く屈伸運動などすると、ロボットを載せている事務机がかなり大きな音をたてた。重量は4キロほどしかなかったけれども、かなりな加速度が机にかかったのだろう。

写真1　「SPC-001」2004年。当社のロボット1号機。23自由度（関節）を持つ2足歩行ロボット。強力なサーボモーターとジュラルミン製のフレームで構成される。

面白いことに、こうした動力性能の高いロボットのサーボが最初に壊れるのは、ひざや足首といった体重の負荷が強くかかるところだ。人間と同じで、弱いところに負荷がかかるのだなーと感心することしきりだった。ロボットを開発するというのは人間を知ることにもなるんだなーと思った。

当時、僕の会社にはソフト屋さんが一人と僕しかいなかったので、ロボット自体のハードウェアの開発は僕自身が行った。アルミ板を加工し曲げて作る鈑金部品を多用し、サーボをそれに固定して骨格を構成した。頭部だけは金型を製作してプラスティックで生産した。

僕はＣＡＤを使う技量はなかったので、手書きの図面を書き、それを鈑金屋さんに渡して各部品を製作し、表面をアルマイト処理する業者さんに渡して色を付けていただいた。

今思えば、図面もフリーハンドで、素人細工もよいところなのだが、不思議なことにほぼ問題なく組み上がったし、デザイン的にもシュールな感じに仕上がり、それが受けたのか、当時はかなり人気が高かった。

すべてのメカ的な構造が頭の中で構成されていたので、頭の中のイメージと商品が密接に結びついていて外観的なデザインも矛盾がない状態だったのだろう。しかし、それ以上複雑なものを頭の中だけで設計するのは困難に感じ、次の設計では３Ｄ　ＣＡＤを使わないと難しいのだなーとも体感する開発だった。

初めての挑戦だったこともあり、僕の魂がこもっていたことが高評価に結びついたとしか考えようがないのだけれども。

大学などに売れたけどジリ貧に

「ＳＰＣ－００１」は今振り返っても一番かっこいいロボットだったのではないかと思っている。

その後も協業で30センチ程度の高さのロボット用小型サーボを開発し、それを使って製作したロボットが「ＳＰＣ－１０１」（写真2、82ページ）だった。ＳＰＣ－００１、ＳＰＣ－１０１などのシリーズ累計で２００台ほどを大学など研究機関に販売することができた。

当時ロボットを実験などで使いたい研究室などが多かったのだが、ロボットそのものを開発するノウハウのない研究室などに、当社のロボットを買っていただいた。

「ＳＰＣ－００１」の次に開発した「ＳＰＣ－１０１」は35センチほどの小型のロボットで、もともとは家庭用に販売したいと思っていたのだが、ハードウェアの製造原価が12万円ほどになってしまい、ソフトなど含めた販売価格は25万円程度とせざるを得なくなってしまった。

写真２　「SPC−101」2005年。35センチほどの大きさの小型２足歩行ロボット。これのフレームは樹脂製。

家庭用というにはちょっと高すぎて、その意味では販売が難しい商品になってしまった。そのあたりの見込みが甘いのは、やはり僕のマーケティング経験の低さが災いしていたと言わざるを得ない。

仕方なく、家庭用ではなく大学などの研究機関向けとして販売を行ったわけだ。だが、それで会社を維持するには月に20台ほど売れなくてはならず、なかなかそこまでは売れなかったから、ジリ貧な状態に陥ってしまったというのが実情だ。

今でもそのラジコン機器ベンダーと協業したロボット用サーボは世の中に広く流通している。他ベンダーのものと比べて非常に信頼度と耐久性のあるサーボで、安心して使っていただくことができる。

実は当社の最新の等身大アイドルロボット（20

１９年にリリース）にも使われているから、すごく長寿命な製品だ。

この長寿命、高性能なサーボ開発に僕が関わっていることは、ほとんど知られていない。

第3章

ビジネスと縁、そしてお金の話

10年前の営業が実を結ぶ

「ＳＰＣ－１０１」（写真2、82ページ）が完成した時、日本の某通信大手の会社さんにデモさせていただいたことがあった。そのデモで当時の技術部門の部長さんがえらく気に入ってくださって、何かできないかと一生懸命考えてくださった。

残念ながらその時は結局、何もできなかったのだけれど、その後10年ほど経ったある日、「ロボットを開発したいから、ぜひ手伝ってくれないか」という連絡がメールであった。どういう開発かと思って本社のビルまで伺ってお話を聞くと、当時部長さんだった方は偉くなって取締役に出世されていて、オリジナルの2足歩行ロボットを開発したいということだった。

その会社には研究所があって、音声認識や音声合成などのソフト技術は豊富だったのだが、それを目に見えるようにするアウトプット・デバイスが弱いということで、パートナー企業を探しておられたそうだ。その時、10年前の僕のロボットのことを思い出してくださり、仕事に結びついた。取締役の方が推進してくださったのだから、心強かった。

大企業なので契約書がすごい量で読むのが大変だったのだが、なんとかそれも切り抜けて開発を始めることができた。オリジナルでの開発ということで外観デザインも構造設計もしなくてはならないので結構大変だったのだが、今回は例の「ロボワンで『神』と呼ばれた男」に登場していただくことにした。

ロボワンで優勝したことがある方で、ちょうど会社を辞めて自営を始めたところだということでタイミングもよかった。機能的にも優れていて倒れてもすぐ起き上がれる柔軟さも備えていて、デザイン的にも可愛い感じのロボットが完成し、その大企業の方にもご好評をいただけた。その辺はロボワンでのノウハウが十分に生かされたデザインだったと思う。

ロボットを操作するソフトウェアはその企業が持つクラウド・システムにつなぐ必要があり、会話でコントロールできるものだったから、組み込みソフトからクラウド・システムまで開発した。だからかなりの開発量だが、当社のお願いしているソフトエンジニアの方はそれをすべて一人でやってしまうし、その大手通信会社の方々を相手にしてもまったく問題のないレベルで対応するのだからすごいと思う。

ソフトエンジニアの能力はピンからキリまでの差が１０００倍違うといわれており、その方は間違いなく上位のレベルの方なのだ。ありがたいことだ。

その時に開発した2足歩行ロボットはその大企業内での社内研究用に15台ほど製作した。すべてを僕の会社の3Dプリンターで生産したので結構大変だったが、幸いお金は十分いただけたのでうれしかった。

10年前の営業が実を結んだというのは今までで最長の営業活動だったのではないか。こういうこともあるんだなーと思うから、どんな時も手を抜いてはいけないのだなと思う。とにかくやれるだけやり切って結果のことは気にしないというのがよいのだと思う。

あまりに怪しいメール

「SPC－101」を開発し終えたこともあって、その頃から海外の人もちょくちょく会社を訪問してくれるようになった。

アンディもその一人であり、2度目の投資をしてくれた韓国人のリーさんもまた、当社を訪ねてくれた一人だ。

経緯は次のようなものだった。

ある日、突然英語のメールが来た。

「あなたの会社に興味がある。投資がしたい。訪問していいか？」といった感じの、単刀直入な怪しげなメールだった。あまりに怪しいので、ＳＰＡＭメールではないかと思うくらいの感じだった。

でも、どこか惹かれるような、真実がありそうな、不思議な感じがしたので、とりあえず普通に「いいよ、おいでよ。歓迎するよ」的な返事をした。

そうしたら本当に彼はやってきた。

話を聞くと韓国では有名な起業家で、韓国で一、二を争うプロバイダーの社長さんだということがわかった。韓国で成功した資金を使って米国の会社にもいろいろ投資していた。中には爬虫類のワニ型ロボットを開発する会社もあって、彼の活動が精力的であることが伝わってきた。

彼はロボットの情報をいろいろ仕入れたいと思っていたようで、僕の会社にも投資することで技術情報を得たいと考えていたらしい。

彼はその後アメリカにある、当時有名だった検索エンジンの会社を購入した。当時はGoogleより有名だったかもしれない某企業だ。

彼の手中にある米国のロボット会社の活動を調べたら、直接、当社と競合するような感じではなかったので、ありがたく投資していただくことになった。

この投資の成功も、やはり先方に投資をしたい理由があったのが大きかったと思う。ビジネスを成功させて株を高く売って儲けたいという以外にも、投資をしたいと思う理由があるのだ。縁というのは不思議なものだ。

本当に大事なお客様は、突然に訪ねてくるものらしい。それが現実なのだと僕は経験をとおして知った。

仮想通貨の開発で有名なソラミツ株式会社の代表取締役、宮沢和正さん（ソニーのＯＢ）も同じようなことをおっしゃっていた。ソラミツがカンボジア国立銀行の国家決済システムを開発するきっかけになったのも一通のメールだったそうで、やはり最初はＳＰＡＭメールではないか？　と疑ったそうだ。そして何度かメールを交わしているうちに疑いの霧が晴れていって、カンボジアに直接、出向いて話し合いを進めることになったとのことだった。

アラブの大富豪とビジネス？

事程左様に、投資を受けるというのは「縁が大事」なことのようだ。こちらの事情だけでなく、投資するほうの事情も絡んでくるから難しい。

もう一つ、面白い話をさせていただこうと思う。このご縁も、やはりある日突然メールが来て、そこには「今日都内のホテルまでロボットを持参してきてくれないか。話が聞きたい」と書かれていた。

先方さん（Mr.Mohammed Khammas〈＊６〉）の会社のウェブサイトなどがメールのシグネチャーに記載されていたのでアクセスしてみると、ＵＡＥに会社を持って事業をしている人だということがわかった。大きなショッピングモールやテーマパークの運営、フィギュアを販売する事業も展開していた。

米国でもビジネスをしていて、『アイアンマン』の等身大フィギュアなども作っているから仰天させられた。

言われたとおりにホテルに行って、我々のロボットを見せたらすごく気に入ってくれて

「投資しようか？」と提案された。それだけだとなんだかとっても怪しい感じなのだが、彼のアメリカでの大学時代の友人に日本のお役所で公務員をしている女性がいて、その方とお話ができたことで、決して怪しい人ではないということが確認できた。

投資の話もある程度進めたのだが、最終的に1億円で当社を買いたいということだったので、やめた。1億円では安すぎる。アラブの大富豪の割にはけち臭いなーと思ったし、彼らのデューディリジェンス（信用調査）がすごくしつこかったし、担当者（アラブ人）の態度が横柄だったので嫌になった。

彼と2人で話している時はそれほど違和感がなかったのだが、結局、何も協業できずに終わってしまった。残念だった。

海外の人とのコミュニケーションは、日本と違って本人と直接的にすることが多いから、その信頼性をどうやって評価するかが結構、難儀ではある。ウェブなどを使って、どうにかして信頼できる情報をつかむしかないのだ。しかも、事前に調べられない場合もある。信頼できるお客さんがヒョッコリとやってくることもあるから、油断はできない。ある程度怪しいなと思っても、とりあえずはきちんと対応しておくのがよいようだ。

アラブの大富豪とビジネス！　なんだか夢のある、それだけでも楽しい話だった。

シリコンバレーに行ってみた

２０１１年、これまでのＳＰＣシリーズのロボットから方向転換をして、スリムで静かなロボット、モーション・フィギュア（詳しくは後述）を開発すると決めて試作を繰り返していたが、商品化のパートナーが欲しいなと考え、日本でも探してみたが、海外はどうなんだろうと思って、実際に行ってみることにした。

米国にTiE（グローバルネットワークを通じて世界最大の起業家育成支援を行うＮＰＯ法人、The Indus Entrepreneurs Global）という起業家組織があって、日本にその支社があったのでそこの人たちと知り合いになり、まずはシリコンバレーに行ってみた。TiEというのはインドの方々が主宰する世界最大の起業家組織で、年に何度か米国でもイベントをしている。米国の起業家の中でインド人の方が占める比率はとても高く、数十％だそうだ。

TiEが主催するイベントはとても盛大で、数日にわたってシリコンバレーのホテルを借り切って行われていた。開会式ではバンドの演奏なども盛大に行われ、レストランでも多くの人がワイワイやっていた。日本ではあまり例がないのではないかと思うような規模の起業家向けのイベントで、そこにいるだけで興奮感を味わえるが、逆にそれだけ多くの人にどうやって自分の話を聞いてもらうのかはとても難しいと思った。誰彼構わず話しかけて関係するような人を紹介してもらうしかなさそうだった。

当時から短時間でエレベーターの中ででも自分の会社や製品を他の人に紹介するいわゆる「エレベーターピッチ」というのが重要だといわれていたが、あれだけ人が多い所ではそうするしかないんだなと体感できた。日本では「エレベーターピッチ」といってもなんだかピンとこなかったが、そういう状況なら納得できる。

日本に来る情報は「エレベーターピッチ」という言葉だけが伝わってきて、周りの状況が伝わってこないから違和感があるが、現場に行ってみれば「そういうことか！」と納得できることが多い。やっぱり体感が重要なのだと思う。

TiEのイベントには何回か足を運んだが、ロボットに関しては欧米人はあまり興味を感じないようだった。宗教的な問題もあるという話も聞いた。インドに関していえば、インドは欧米に近づいてＩＴ系、特にソフトウェアの分野で世界で重要な開発メンバーになっている。従って考え方は、欧米人に近い思考回路をしているように感じる。

TiEを通じて今もお付き合いのあるインド人の方もいるが、あまりロボットには興味がないようだ。それよりもSaaS（Software as a Service）のほうに重点を置いているようだ。今ではGoogleの社長さんなどＩＴ系の多くの企業の社長さんがインド出身の方だしね。もちろんそっちのほうが市場が大きいということもあるのだろうが、そもそもロボットにあまり興味がないようにも見える。

シリコンバレーには日本から渡米した日本人もたくさんいらっしゃる。古くは焼肉ソースの製造を始めた方やワイン醸造などをした方もいらっしゃるとか。日本人会もあるからそこのどなたかとつながればいろいろな方に会うこともできる。

僕もロボット持参で何人かの方を訪問させていただいた。皆さん喜んでくださり、米国ではだいたいホーム・パーティーなどに呼んでくださることが多い。広いお庭でワンコと遊んだり、バーベキューをしたり、サンフランシスコの丘陵にある豪邸に呼ばれていったり、サンフランシスコ市内の高層ビルの中のオフィスに連れていっていただいたり。夢のようなひとときを送らせていただくなどもした。

日本人が会社からの仕事でシリコンバレーを訪問すると「表敬訪問」とかいって単なる情報収集である場合が多いそうだが、あちらではそれが最も嫌われるそうだ。「お前何しに来たのかはっきりしろ！」ということだそうだ。僕は協業先を探していたし、会社員らしくないからよかったのかもしれないが、もし欧米の会社を訪問する時は気をつけよう。

シンガポールで伊藤穣一さんと知り合った

次にシンガポールに行ってみた。

もともとは知り合いの人を通じてシンガポールに行ってみたのだが、2回目からは自力で行くようにした。シンガポールの技術系のお役所（日本でいうところの経産省）を訪ねて、ロボットのことで協業先を探していると言うと、ごく普通に会って話を聞いてくれるという。

担当の女性に会いに行くと話を聞いてくれて、関連ありそうな研究所や企業、個人などを紹介してくれた。何ヵ所かある研究所を訪問するといろいろな部署で歓迎してくれて、何か協力できるのかもしれないなーとも感じた。

どこに行っても皆さん非常に好意的で、不快な思いをしたことは一度もなかった。特にシンガポールの人たちはそうなのかもしれない。シンガポールではタクシーの運転手さんも親切で英語をしゃべってくれるし値段も安いので、移動に困ることはなかった。シンガポールは水すら輸入している資源小国だから、人間関係がビジネスの基本だということをみんな理解しているのだと思う。海外の中でも居心地のよい国の一つだと思う。

そのお役所が紹介してくれた方の中に日本人も何人かいたのだが、その中に伊藤穰一さん（一般にJoiさんと呼ばれている）もいらした。ＩＴ系に詳しい方ならよくご存じだと思うが、最近ではＭＩＴのメディアラボの所長も務めた日本でも有数の世界的著名人だ。僕もお名前は存じていたが、お会いするのは初めてだったし、まさかシンガポールで著名な日本人とお会いできるなんて思いもしなかった。

話を聞くと、当時Joiさんはドバイにもお家があり、ＵＡＥ、シンガポール、米国、日本などで仕事をされているとのことで、その時たまたまシンガポールにいたのだそうだ。航空会社のファーストクラスの年間パスポートをお持ちだと伺ったのでびっくりしたが、年間１００万円程度だそうだから、頻繁に移動する人には安あがりなのだとか。確かにそうだと思った。

Joiさんは僕のモーション・フィギュアのアイデアを喜んでくれて、４０００万円くらいなら投資してもいいとおっしゃってくれたのだが、シンガポールで仕事をするのが条件ということで、いろいろ悩んだのだがお断りさせていただいた。シンガポールに移るにはもっとお金が必要だなと思ったから。話はまとまらなかったからその後、特にご縁もないのだけれど、今でも連絡は取れるようにはなっている。海外に行くと思いもしない方に会えるし、会える確率は日本で頑張るよりはるかに高いと思う。やはり海外では個人個人の関係が重要視されているし、それを皆が尊重して行動しているように感じる。

話はそれるが、何回目かにシンガポールを訪問した時がちょうどＦ１グランプリが開催されている日で、その期間は街中の主要な道路が封鎖されてしまうし、タクシーも捕まらないし、知らずに行ったのでえらい目にあった。街中をずいぶん歩かされた記憶がある。だが、街中に爆音が響いていたし、なんだか異様な興奮感があって、驚かされた。そういうイベントで街全体が機能停止になってしまうなんて、東京では考えられないよね。

「インドでデモをしてくれないか」

等身大の「高坂《こうさか》ここな」が完成して（後述）、そのビデオがFacebookで１００万リーチしたのだが、そのせいか海外からの問い合わせも増えた。その中に、また怪しい問い合わせがあった。インドの大学からのメールで、イベントでデモしてくれないかという。その大学では大学祭的な感じで世界中のＩＴ系企業の経営者などを招いて講演会をしたり、機器のデモをしたりしているという。

「KSHITIJ」（＊7）というこのイベント、いろいろ調べるとインチキではなさそうだ。インドに詳しい方にも確認したが、その大学（インド工科大学）はGoogleのＣＥＯの出身校でもあるそうで、インドでは超優秀なエリート校だそうだ（Indian Institute of Technology：日本でいう東京工業大学の感じ。技術系の最高学府。インドには数校ある）。

そこに呼ばれるというのはとても名誉なことらしい。その内容をメールをくれた学生に聞いてみると、またびっくりだった。その大きなイベントをすべて学生が運営しているというのだ。しかも、日本からインドにロボットを運ぶ送料やエンジニアの費用なども負担してくれるという。

　ここに誘われたことにも驚いたが、インドの大学がこういうことをやっていることを初めて知り、さらに驚いた。インドが昨今ＩＴ業界で頑張っていることは前述したが、やっぱりこういう生きた授業をインドではやっているんだよね。単なる学問的な授業をするだけではなく、学生に社会に出てからも役に立つような生きた授業をしているということに驚かされた。日本とは大違いだ。

　残念ながら２０２０年は対応が間に合わず、翌年にぜひということになっている。

ロンドンまでマーケティングの話を聞きに行った

　横浜のイベント（ＥＴ展）で等身大の「高坂ここな」のデモをしている時、すごく熱心に見てくれている白人の人がいた。あまりにも熱心に見てくださっていたので、話しかけて仲よくなった。

　聞けば近くのブースに出ているイギリスの会社で、画像処理やグラフィック・エンジンなどを内蔵したＳｏＣというタイプの半導体回路を開発している会社の副社長だった。その技術もいつか僕の会社でも役に立つかもしれないし、エンジニア同士だったから話も合った。

しばらく話していたら彼の知り合いのマーケティングのプロがいるから紹介してくれるという。その人は自分でもロボットを使ったマーケティングも試みているという。面白そうだから紹介してくださいとお願いした。

E-Mailで紹介してもらったその人の肩書を見てぶっ飛んだ。メールのシグネチャーには、次のように書かれていた。

David Roth（＊8）
the CEO of The Store WPP, EMEA and Asia.

彼は世界で一番大きな英国のＰＲ会社ＷＰＰのアジア地区担当のＣＥＯだったのだ。

ふつふつと会ってみたいなという欲望が湧いてきて、会いに行くことにした。ＴＶ会議でという話もあったのだが、やっぱり対面で会いたかったので、出向くことにした。ロンドンは行ったことがなかったし、ＮＹに次いで芸能系のコンサートやショーなども素晴らしいところだと聞いていたので、行ってみたかったこともあった。

直行便で片道12時間もかけて行ってみた。もちろん日本のお菓子なども持参して。あちらの秘書さんとも事前にメールで何度もやり取りし、お互いワンコ好きということもわかっていたので、写真の交換などもしておいた。そのおかげで向こうに着いたら歓迎してもらえた。ロンドンの中心街のすごくいい場所のビルではあったが、特に高層ビルというほどでもなく、見た目的には派手ではないビルの中にその会社はあった。受付も小さいし、女性が一人いるだけだった。少し早く着いてロビーで待っていたら写真で見た人が声をかけてくれた。それが彼（Mr.David Roth）だった。僕の顔をわかってくれていたのだ。うれしかった。

僕らのロボットのことは事前に調べてくれていて、すごく興味を持ってくれていたが、実際商売で使うとなると、テナントやサービサーと呼ばれる人たち（商業施設、ビルなどをテナントに提供する人たち）に役に立つものでないといけないのだということを教えてくれた。

そのためにはロボットが顧客とのコミュニケーションをするなどして、顧客情報を集めるなどの機能が必要だと教えてもらった。

それを実現するにはどんな具体的機能が必要なのかをいろいろ話した。なるほどそういう機能が必要なのかと理解した。なかなかこうした話を教えてくれる人はいない。今後も進捗の連絡を取り合いましょうということで帰国した。

日本に帰ってからそうした業界に詳しい方と話をし、サービサーの方たちと開発協力できるように話を進めている。いつか「こんなのができたから使ってください！」と彼の所に行くのが楽しみだ。

最初の友人の紹介がなければ、めったに会える人ではないと思う。直接、話を聞けてうれしかった。日本だったら紹介があってもなかなか会えない立場の人だと思う。間に仲介する日本人が入っていないのもよかったと思う。これも、直接、海外の人とコミュニケーションしたほうが偉い人に会いやすいということを証明するよい例ではないだろうか。

余談だが、ロンドンではエジンバラ宮殿の衛兵の交代の式も見たし、シティーでミュージカル（『マチルダ』）も観た。小さなホールで間近で演じてくれるミュージカルは最高に楽しかった。最高の文化を味わえた。

資金の調達法

起業してからビジネスを拡張するために資金を得る方法はいくつかある。

（1）経営者が自分でお金を出す
（2）投資してくれる人を探して増資する
（3）銀行などから融資してもらう
（4）最近はやりのクラウド・ファンディングをする

が代表的な方法だ。残念ながら（3）の銀行などからの融資は、設立したての会社ではまず無理だ。ほとんど相手にしてくれない（よほど社長が有名人か、過去にビジネスを成功させた実績がないと無理）。

（4）のクラウド・ファンディングは、正確には投資ではない。株を買ってもらうわけではなく、会社や個人が企画したプロジェクトに多数の一般人から少額の支援を受け、プロジェクトを実行し、支援者に対して返礼をすることでプロジェクトを実現する手段である。

ちなみにソニーの同志（ソニーが運営する〝夢の実現に向けて共創するためのプラットフォーム〟「First Flight」）がスマートウォッチ「wena wrist」開発にクラウド・ファンディングで資金を集めた。企業に属していても経営者が寛容ならこんなことができる。

最近では手軽なのでかなり多くのプロジェクトが実行されているが、一般の人が支援しやすい（楽しい）企画であることが重要で、会社をよく知ってもらうためのマーケティングとしての要素も注目されている。

さて肝心の（1）と（2）についてだが、まず皆さんが誤解しているのではないかと思うことから説明しよう。

経営者自身が大多数の株を所持しているなら、「資本金」というのはいくらであっても大勢に影響はない。最初に１００万円で会社を始めたのならそれを無理して増やす必要はまったくない（１０００万円だろうと1億円だろうと、保有率が１００％なら何も問題はない）。会社のお金が足りなくなって経営者が自腹でお金を会社に出すなら資本金ではなく、「借入金」にしておけばいいだけの話で、これは会社にお金を貸しつけるというやり方だ。

会社のお金が潤沢に回るようになったら、会社から自分に返してもらえばよいのだ。この方法はいわば会社に対して貯金をするようなものだから、出し入れ自由でとても便利だ。借入金の出し入れは株主に許可を得る必要もない。

次に、会社の趣旨に賛同してくれる他の人からお金を得て事業を拡張しようとする方法について。この場合はお金を出してくれた人に会社の株を渡さなくてはいけない（いわゆる増資）。これは会社の株と引き換えに会社がお金をいただくということだ。

一番大事なのは、いい投資者を探すことである。投資者は自分のお金を会社に投資するわけだから、よほど社長を信じているか、そのビジネスに可能性を感じているかのどちらかだろう。お金を出してもらうためには、相手の方に事業なり社長のことをよく理解していただけるようにしなくてはならない。

株を投資者に渡すということは、会社の権利の一部をその方に渡すということだ。51%以上の株をその方に渡せば、会社はその方のものになってしまう。自分は営業職ではないから、経営が得意な他の誰かに任せたいので自分の株は少なくてよいという人（特にエンジニア）がいるのだが、それは絶対にやってはいけない。人間同士、１００％理解し合えることはないのだから、自分以外の人に権利を渡してしまうと、行き違いが起きた時に大変なことになる。会社の株というのは自分の権利を守るための法律的な砦なのだから、そのことをわきまえておかなければならない。

僕は起業した人が他の株主から会社を追い出された例をたくさん知っている。スティーブ・ジョブズ氏がアップル社から追い出されたのは有名な話だ。

もう一つ重要なことがあって、株主が会社の株の3分の1（33・4%）以上を持つと、株主総会で「拒否権」が与えられる。これはすなわちその人（人たち）が賛成しない限り、会社はいかなる議案も議決できなくなってしまうということだ。こうした事態に陥ることも避けなくてはいけない。

また、増資をするにはいろいろな手続きが必要となり、やることが煩雑になるので、このことも知っておくといいだろう。手順としては、次のとおり。

・株主総会で増資の議決をする
・投資されるお金を銀行に預けていただく
・登記所に増資の登記を申請する
・株主の登録をしたことを新しい株主に知らせる

これらの手続きを踏まなくてはいけない。時間もかかるし、お金もかかる。相当気合いを入れてコトに臨まないと成就しないことはおわかりいただけると思う。

増資をするにもいくつか方法がある。

・個人の投資家から
・機関投資家（いわゆるベンチャー・キャピタル〈VC〉）から

覚えておきたいのは、一般の方に広く株を買っていただく行為は禁じられていることだ。不特定多数の人が売買できるのは、株式市場に上場した会社だけである。

プライベートなつながりによる投資は例外で、個人的に投資してくれる投資家が経営者のビジネス的な旧知の知り合いならよいのだが、避けたほうがいい投資者もいる。

・親戚などの血縁関係者
・見ず知らずの投資家

などだ。親戚というのは一見、安心できそうに思われるのだが、時にひどい目にあう。僕もひどい目にあった。親戚だとなまじ知り合いなので甘えやすいらしく、突然、理不尽な無理難題をふっかけられたりするから気をつけなければならない。悪いことはしていなくても、血縁者に内緒にしておきたいようなことを「親戚中にばらすぞ」と脅されたりしたら、事業を安泰に継続しにくくなる。いったん感情の堰《せき》が切れると、あることないこと言われてしまうから、理路整然とした説明では解決できなくなってしまう。

また、当然ながら見ず知らずの投資家は危険なので避けるべきだ。反社会勢力である可能性もあるし、よほど信頼のおける人でないと株を持ってもらうべきではない。くれぐれも気をつけなくてはならないのは、株主というのは単にお金を出すだけではなく、会社の経営を監視する人だから口も出す——発言権を持った怪しい人が株主の中に紛れ込むとえらいことになってしまうから、避けられるリスクは最初に避けておくべきなのだ。

投資の基礎知識を知っていただいたうえで、投資による資金取得の実際とはどういったことなのか、これからいくつかの具体例を交えてお話ししていきたい。

5年間の事業計画？　何それ？

ベンチャー・キャピタルという会社があることは何となくは知っていたが、自分の会社に投資してもらえるとは思ってもいなかった。

当社は、ＳＰＣシリーズのおかげでビジネスはまあまあうまくいっていたので、知り合いのご協力もいただいて、いろいろなベンチャー・キャピタルさんと話し合う機会があった。そのうちの一社と何度かお話し合いをした後、書類を提出してくれないか、と言われた。要請に応じて書類を用意し始めると、驚くほどいろいろな書類を用意しなければならず、その量の多さに驚いた。

記入する内容も、正直、そんなこと書いて何の役に立つのだろうと思うようなものばかりだった。ソニーでも書類をたくさん書かされて「めんどくさいなー」とは思っていたのだが、それとは次元の違う量だった。「捏造」といったほうが正しいのではないかと思うことまで、あることないことを書いた。

その一つが、今後5年間の事業計画を書くことだった。まさか？　正直信じられなかった。5年後のことを予想できる人がいるんだろうか？　ましてやその間の売り上げを書く？　そんなこと不可能に思えた。でも、書かなくてはいけないし、実現できる方法を考えろとのこと。

こんな些事《さじ》にとことんこだわるのも、日本が今まで「カイゼン」ビジネスしかしてきていないことに起因していると思う。よくも悪くも、その時に〝書類を創造すること〟を覚えた。Android 創始者のアンディ・ルービン氏とシリコンバレーで会った時、Google に開発を持ち掛けた時のプロポーザルの資料をもらったが、それはたかだか10ページ程度のパワポの資料だった。少ない分量に実に要点よくまとめられていたから、内容も非常にわかりやすかった。そのスタイルこそが重要で、日本で書く書類はどこかおかしい。捏造と多量の文字量で、ビジネスの真実を覆い隠しているようだった。

その甲斐あってか、審査は通った。

だけど、最初に投資していただけたのはかなり時の運もあったと思っている。ベンチャー・キャピタルさんのほうに「投資しなくてはいけない事情」があり、投資を急いでいたからだと踏んでいる。つまり、投資家から集めたお金のうち年度ごとに投資しなくてはいけない金額が決まっていて、たまたま残っていた資金の使い道を当社で、という流れになったのだと思う。

ベンチャー・キャピタルにしてみれば、いくつもの投資先のいくつかが「成功」してくれればいいのだ。中には「失敗」する会社があっても、トータルで儲ければいい。そういう仕組みだ。投資した会社の成功率は10～30％だと聞いている。

投資していただいたという結果は本当にありがたく、おかげで「ＳＰＣ－１０１」が開発できた。

思い返して残念に思うのは、僕に一番大事なビジネス・スピリットを熟成するだけの能力が当時、足りていなかったことだ。今、そのお金があればもっと素晴らしいことができるのにと残念に思う。ちなみに海外では投資を受けてビジネス的には失敗しても、「いい物ができたね、いい経験ができたね。次回に生かせるね！」という評価をもらえる。日本とは大違いだ。まえがきでも少し触れたけど、かのアンディ・ルービン氏も、Androidで大成功する前にはいくつもの失敗（挫折）を経験しているのだが、その時点で有名人になっていた。

大会社がベンチャー企業を買収する2つの目的

日本のロボット業界で話題になった投資案件はいくつかある。

一つは東大出身の方々が立ち上げていた「Schaft」（＊9）という会社。その会社は等身大の2足歩行ロボットを開発していて、Googleで当時副社長をしていたアンディ・ルービン氏に惚れ込まれてGoogleに買収された。

当時は日本での投資案件（M&A）の大成功例としてもてはやされた。だが、その後アンディ・ルービン氏がGoogleを退社することにもなり、Googleがロボット開発から撤退することが決まった。ソフトバンク社に移管されるという話もあったらしいが、エンジニアの方々がそれを拒んだので解散になったと聞いている。そのＣＥＯの方は、今でもアメリカでロボット開発で活躍されているようだ。一安心。

もう一つの投資案件は、「ライフロボティクス社」（＊10）である。その社長さんだった尹《ユン》祐根《ウグン》氏とは筑波の氏の研究施設で何度かお会いしたし、ロボットの近くにいる人に危険を感じさせないロボットとして、面白い技術だなと思って将来性を感じていた。協働ロボット「ＣＯＲＯ」の利用が吉野家で始まって、これからだなーと思っていたところに、ファナックに１００％買収されるという話を聞いた。

ＣＯＲＯは吉野家の店舗における食器洗浄の工程で活躍するロボットで、洗浄時間を２割強、８割弱の工程削減を実現した。

正直、その買収はちょっと嫌な感じはした。

大会社がベンチャー企業を買収するのには２つの目的がある。一つは、その技術を使って市場を拡大しようとする場合。もう一つは、大企業が類似の技術を持っている時に、ベンチャー企業の技術を買い取って止めさせて市場から抹殺してしまう場合。

この案件がどっちだったのか知る由もないが、僕は後者だったのではないかと疑いたくもなる。ファナックが欲しい技術であったかどうか。Ｍ＆Ａで創業者が十分な利益を得ていたなら別に問題ないのだが、社員がその後どうなったかは気になるところだ。

もう一つ驚かされたのは、ソフトバンクグループによるボストン・ダイナミクス社（＊11）の買収だ。

ボストン・ダイナミクスといえば、ソニーもロボット開発のお手本としていたようなロボット開発の老舗でもあり、最先端の技術を持つロボット界のレジェンドともいうべき会社である。Googleが買収したところまで（おそらくアンディ・ルービン氏が動いたのでしょう）はさもありなんと思っていたのだが、その後ソフトバンクグループに買収された時は驚いた。

あー、Googleはロボットでのビジネスは完全に諦めたのだなと認識した。同時に、ロボットでのビジネスは欧米では見捨てられたのだなと思った。やはりロボット・ビジネスは機能を求める目的ではなく、キャラクター・ビジネスと結びつけるアジア的なビジネスしか残されていないことを認識した出来事でもあった。

なお、こういった資金調達は、融資ではなく投資だ。借りたお金を返すというシステムとは違う。

当社に関していえば、もともとふくらませるだけふくらませた事業計画がそのとおりにいくわけがなく、投資の期間が終了する時、買ってくれた当社の株式を「買い取ってくれないか」と言われた。いくら払えばいいのか、不安を感じた瞬間だった。

値段を尋ねると、いくらでも（1円でも）いいと言われたが、10万円支払った。

だが、気をつけなくてはいけないのは、投資なのか融資なのかはっきりしない怪しい投資話もありうることだ。契約書に個人保証を求められる場合もあり、そうなると個人資産を使って返済しなくてはならなくなってしまうから危険だ。契約書の内容は、自分でしっかりと見極めておかなければならない。

だから、投資案件の契約書に個人の実印を押すことは絶対に避けるべきだ。僕が投資していただいたＶＣさんはちゃんとした企業だったので問題なかったが、そうでないところもあるから気をつけなくてはいけない。

第4章

共に悩み、笑い、泣いてくれるロボットは可能か？

「やりたいこと」と「できること」

会社を起こし、ロボットで仕事をすると決めていたし、やれる可能性のあることはたくさんあったけれど、「やりたいこと」は「できること」ではない。できることから形にしていかないと、会社が破綻する。

だから、できる仕事に的を絞って実行していくことにした。そこでたどり着いたのが、第２章で紹介したロボット用サーボモーターの開発だった。

ロボット用サーボモーター開発は、いずれ自社で作るロボットの役に立つ。そうした思いもあって、知り合いのラジコン機器会社に相談し、協業していくことになったのは前述した。

このサーボモーターは、２００４年に「ＳＰＣ－００１」という自社開発ロボットに搭載し、いよいよ当社はロボット開発会社として動き出した。進化型の「ＳＰＣ－００２」（写真３）、「ＳＰＣ－００３」も発表、注文も入り順調に出荷していったものの、２０１１年に転換期を迎えることになる。

「ＳＰＣ」シリーズは金属の筋肉を持つ筋骨隆々なロボットで、ＢtoＢにベースに置いてい

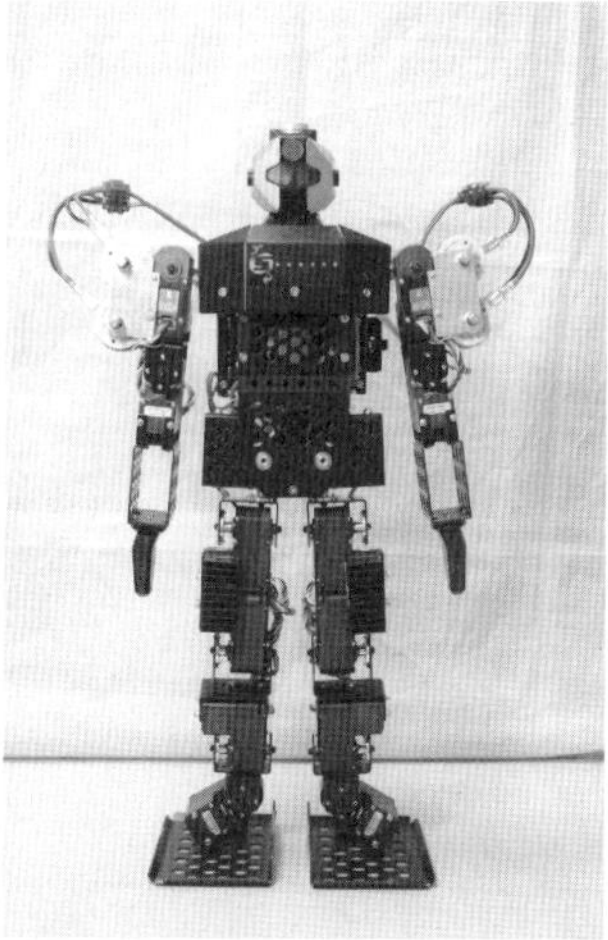

写真３　「SPC–002」。2005年。世界初の燃料電池で動くロボット。水素ボンベを背中に背負い水素ガスを燃料に発電して動く。

た。

主に学校や研究機関などで２００台ほど購入していただいたので、ロボットの販売台数としては結構な数字だとは思うが、それだけでは会社として成立するビジネスの柱にはならなかったし、創業当時に考えていた「ロボットの美しい動き・セリフ・シナリオで皆さんを感動させたい」という思いからすると、少し違っていたことも事実だった。

開発したいのは「人の気持ちに寄り添うロボット」

２０１１年に、それまで販売していた2足歩行ロボットに区切りをつけたのには、きっかけがあった。

それまで販売していたロボットは、先にも述べたように「ロボット」という言葉からイメージしやすい筋骨隆々なマシンだった。動力も基板も電池も躯体に埋め込むと、どうしても筋骨隆々になってしまう。すでに世の中に出ているロボットも例外にあらず、筋骨隆々な姿をしていたし、２０１１年に登場した本田技研工業のＡＳＩＭＯも、武骨なロボットの仲間だった。

それからさらに3年後の２０１４年発表のPepperは、ウエストが少しくびれてはいたものの、全体像を見れば、決して美しいとはいえない。

おそらく筋骨隆々なロボットはこれからも世の中に輩出されてくるだろうし、筋骨隆々な姿が「当たり前」になっていくだろうと考えていた。だが、その中にあって「筋骨隆々なカタチのロボットでいいのか？」という自問が常にあった。

当初の目的からは少し外れたロボットを開発・販売していたから、楽しかったけれどどこか納得いかないところもあったし、ビジネス的にだんだんジリ貧になっても、次にどうしていいのか思いつかなかった。大学や研究機関以外での明確な利用方法が考えられなかったのだ。やはり長期的なビジョンを考えるなら、見てくれる人、ふれてくれる人が心を動かしてくれるロボット、人に寄り添えるロボットを実現するのがビジネスとしても最良の道だと思った。

人に寄り添えるパートナーを考えると、決まってアニメなどのキャラクターが頭に浮かんできた。僕は特にアニメ・ファンというわけではなかったけど、宮崎駿《はやお》さんの映画などは大好きだったし、その昔でいえば『鉄腕アトム』などを一生懸命観ていた。

アニメ・キャラとロボットが融合できないのかな？　と考えてみた。アニメ・キャラをロボット技術で動かすことができれば、僕だけではなく、他の人も楽しいと思ってくれるだろう。なんという素晴らしいアイデアだと思った。よし、ロボットでアニメのキャラクターを動かしてやろうと決めたが、そこからが苦難の連続だった。

よくある話ではあるが、目指す理想と実際にできることとの間に、ものすごいギャップがあったのだ。

事業としてのロボットの現実

ＡＩＢＯを経験してきたとはいえ、ペット型にこだわる必要もなく、次には人型に挑戦してみたいと考えていた。やはり人型のほうがより人に寄り添いやすいだろうと思ったから。

もともと人型をやりたいなと思い始めたのは、僕がまだソニーに在籍していた頃だった。その頃、ＡＩＢＯの事業継続があやしくなってきていた。ソニーには開発商品が１００万台売れなければ事業を打ち切るという不文律がある。ＡＩＢＯにもその不文律があてはめられ、事業継続が危機的な状況に陥った。直接的ではないものの、それは僕がソニーを辞めた理由の一つでもあった。

その後数年間は事業が継続されたし、販売の最終時点でも事業自体は黒字だったと聞いたが、結果的にはやはり残念ながら事業は収束することとなった。

また、当時ソニーはＳＤＲというヒト型ロボットを開発していた。とても精巧で素晴らしい動きをするロボットだった。専用に開発された素晴らしい部品を使っており、身長は60センチほど。Pepperよりだいぶ小柄で、販売も計画されたのだが、値段をつけると５００万円ほどになるという話は前述したとおりだ。

「ロボデックス」というイベントで数体のＳＤＲがダンスを披露した時は度肝を抜かれた。その動きの正確さとダンスの振り付けの素晴らしさに言葉がなかった。「カッコいい！」それしか表現できなかった。振り付けはソニーの関連会社のソニー・ミュージックエンタテインメントが担当したと聞いた。ＡＩＢＯを動かすのとは段違いで、やはり人型ロボットの表現力はすごいと認識させられた。

退職後、僕にもＳＤＲの使い道などについて意見を求められたが、素敵な動きとは裏腹に、はっきりした用途が考えつかず、多く売れる見込みが立たないという結論に達し、販売は見送られた。さすがに５００万円だと、ＡＩＢＯと同様のマーケティング「役に立たないロボットです」という売り方は無理だった（ソニーがＡＩＢＯを開発する際には、ＡＩＢＯはあくまでもペット・ロボットであり、何かの役に立つものではなく皆さんに愛される存在となるよう、可愛い仕草や表現をするロボットとして設計された。それをアピールするマーケティング戦略として販売時には「ＡＩＢＯは役に立たないロボットです」と市場に訴求した）。

ＳＤＲは僕が今まで見たロボットの中でもカッコよさと動きの正確さ、表現力の素晴らしさという点ではピカ一だったと思う。だが、それでも大切なのは、多く売れることだと思い知らされた現実だった。

ロボット大国・日本

現代のロボットを大別すると、産業用かサービス用かということになる。市場規模は産業用が圧倒的に大きく、その売上高の差は数桁違うほどだ。

一般的にはあまり知られていないかもしれないが、産業用ロボットでは日本は「ロボット大国」なのだ。「日本ロボット工業会」の調査によると、世界で稼働する産業用ロボットの国別シェアでは日本が約30%を占め、世界一となっているのだ。産業用ロボットの多くが工場や加工場など、一般の人があまり知らないところで活躍しているから、多くの読者の方にしてみれば日本一といわれてもピンとこないかもしれない。

一方、一般の人の目にふれるロボットは、サービス用といっていいだろう。代表的なものは、ＡＩＢＯやPepper、ルンバということになる。

２０１０年、アイロボット社のＣＥＯ、コリン・アングル氏が来日した時のこと。日米のビジネス・モデルの違いを「日本の技術はトップ・レベルにあるのかもしれないが、ロボットのビジネス・モデルができ上がっていない」とコメントした。世界的に大ヒットしたお掃除ロボット、ルンバを生み出したアイロボット社のＣＥＯの発言だから、説得力はある。彼が言いたかったのは、サービス用ロボットでは「日本は、まだまだだね」ということだ。

サービス用ロボットにはいくつかの分類がある。池井戸潤氏の小説『下町ロケット　ヤタガラス』（小学館、２０１８年）で活躍した自動運転のトラクターが属する「農業ロボット」、ルンバに象徴される「ホーム・ロボット」、家庭用と医療施設用が存在する「医療ロボット」、介護や筋肉サポートの「ウエアラブル・ロボット」、ドローンなど計測や遠隔用としての「測量・危険地帯作業ロボット」、その名のとおりの「セキュリティ・ロボット」などだ。僕の会社で開発したロボットは、ＡＩＢＯやPepperなどと同じところに分類される「コミュニケーション・ロボット」だ。

このように、一口でサービス用ロボットといってもいろいろ細分化されており、それぞれの業界や分野のニーズに合うようにビジネスが成立し始めている。

「コミュニケーション・ロボット」はこれからの伸びに期待されてはいるが、ビジネスとして成功していくのはこれからである。画期的なアプリケーションがまだ現れていないためで、歯がゆいといえば歯がゆい黎明期にある。

前出のコリン・アングル氏は、来日時、こんなこともコメントしていた。「日本はロボットというと『鉄腕アトム』をイメージして、高度なロボットを目標としているからビジネス・モデルの確立が遅れているのではないか」。

そういう見方もあるだろうと思う。お掃除ロボットの実用性と比べれば、人に寄り添うロボットは現時点では実現できていないといっても正しいだろう。

だが、僕はAIBOで人に寄り添うロボットのすごさを目の当たりにしてきた。魂が宿ったような仕草に感動したし、ユーザーの皆さんも可愛がってくれた。そのAIBOが市場からどれだけ望まれていたのか、売れ行きからも肌で感じ取ることができた。初期ロットの日本向け3000台が、販売開始からわずか20分ですべてが売り切れたのだ。

欧米の人たちは宗教観の違いもあるのか機能的なロボットにのみ興味を示し、人に寄り添うロボットにはあまり興味がないようだが、僕はやはり、それ以外にコンシューマー用のロボットの市場はないと考えている。

これから必ず広がるニーズ

僕の手がけるロボットの分野はサービス用のコミュニケーション・ロボットであり、その分野で世界に眼を向けるとすでにいくつものロボットが開発されている。動作よりもＡＩによる対話を重視したタイプもあれば、Pepper のような執事タイプもある。さまざまな考え方があって、イノベーションが広がっている。

その中にあって、僕が実現したいロボットの第一の機能は〝美しい外観と所作の創造〟だ。それが実現できれば次にいろいろな用途が広がると考えているから。

外観や自然な動きの所作の一つひとつに感じる人間らしさというか、体温を感じる瞬間というか、そうしたものを備え持つ命を創り出したいと思っている。

そのために重要なのが、感情移入してもらえる存在になるということ。そしてそのロボットはスリムで美しい体形を持っていなければならないし、それを実現するための技術も必要になってくる（スリムな体形のロボットを実現させれば、「ドラえもん」型など、ずんぐりむっくりのロボットにも応用できる）。

人は感情移入したモノに対しては心を開いてくれる。話しかけたりさわったりして、生き物にふれ合うように接してくれるようになる。僕はＡＩＢＯでそれを目の当たりにした。オーナーの皆さんはＡＩＢＯには必ず名前を付けるし、大切に扱ってくれた。

一番驚いたのはＡＩＢＯのモーターが壊れてソニーに修理に出す時のお客様の要望だった。「モーターは交換してもいいが、うちの子の外装には大事な思い出のある傷があるから、外装は交換しないでください」というものだった。それほど皆さん大事にしてくれていたし、そもそも皆さんが「修理」ではなく「入院」と言っていたのも驚きだった。完全に家族として扱われていたのだ。

そこまでできて、初めて人とロボットとの間にある垣根が取り払われるのだ。そうすれば、そこからいろいろなロボットの用途が発生するだろうと推論できた。そのためにはまず感情移入しやすい美しく可愛い外観が必要なのだ。

ロボット・ビジネスの生きる道

サービス用ロボット分野で日本の市場はくすぶっていたが、アニメやマンガに目を向けると、キャラクターたちはすでに世界を席巻していた。日本オリジナルが確立していたのだ。しかも世の中にはフィギュアやドールという趣味の世界ができ上がっていて、市民権を得ている。ロボット技術とそういったキャラクター文化が融合すれば、きっと世界に誇れる日本発コンテンツ（プロダクト）となるに違いないと考えた。

そのアイデアは間違っていなかったと思う。だけど、当時はどのように実現すればいいのかわからなかった。

具体的にどう動いたらいいのかわからず、とりあえず知り合いをたどって大阪のオタク・アニメ会社の社長さんとお話しする機会を得た。その会社はちょっとエッチなアニメ作品やキャラクターのフィギュアなどの権利を所有していて、アニメ制作の技術（ソフトウェア）などを他社にもライセンスしているというかなり傑出した会社であった。

社長さんに、当時当社が作った筋骨隆々な2足歩行型ロボットを見ていただき、「ロボット技術とアニメやフィギュアなどのオタク文化を融合できれば素晴らしいビジネスができるのではないか?」とお話しし、ご意見を伺った。社長さんには同意してもらえたが、「条件が2つある」と言われた。

「スリムで静かなロボットが実現できるなら」

確かにフィギュアなどを見るとどれも人間離れしたスリムな体形だし、いざ自分が遊ぶとなると、がちゃがちゃ音がするのは興ざめだ。まったくごもっともな指摘なのだが、当時の当社のロボット技術ではとても実現が難しい条件だった。

当時のロボットは機能優先で、外観をスリムにしようという発想はなかったのだ。

大阪からの帰り道、うなだれて帰ってきた。それを解決する発想を得るにはかなりの時間が必要だった。

どうすればいい？　そうした思いがずっとくすぶっていたが、名案はなかなかなく、何も起きない日々が続いた。

ロボットをビジネスとして成功させるには、ロボット技術とアニメやフィギュアなどのキャラクター・ビジネスとの融合が必須なのだ。今でも僕はロボット・ビジネスの生きる道はそこしかないと信じている。そのためにはスリムで美しい外観が必要だ。

そしてついに！　２０１４年「モーション・フィギュア・システム」のアイデアを思いついた。

その中核技術が「リモートトモーター技術」である。これは、ロボットの躯体を武骨にしてしまう駆動用のモーターを、関節部にではなく躯体から離して設置することで、体を極力スリムにできる仕組みである。人型のガイコツを、外部に置いたモーターを使いワイヤー等で駆動力を伝えて間接的に動かすことをイメージしてもらえれば、だいたい合っていると思う。現代版のからくり人形。この方法なら、どんなアニメやマンガのキャラクターでも、そのままの姿を現実世界に再現することができる。まさに動くフィギュアだ。

なお「モーション・フィギュア・システム」で、数々の試作ののちに、45センチ・サイズのモーション・フィギュアを作り（写真４、１３２ページ）、２０１９年１月には等身大（身長１５５センチ）の「高坂ここな」がデビューした（写真５、１３３ページ）。２０２０年８月時点で40センチのモデルを販売する計画でいる。

等身大の「高坂ここな」はこれまで神田明神で人間が扮する巫女さんと共演したし（写真６、同）、吉祥寺の商店街で愛嬌をふりまいたりもした（写真８、１６２ページ〈第５章〉）。今後、ショッピングセンターとコラボすることも決まっている。

詳細は他の項でふれさせていただくが、幸いなことにその際に開発した技術を特許申請したら取得することができた。難儀するかと思っていたのだが、意外に簡単に取れてしまった。少し拍子抜けした。

写真4　「45cm Motion Figure: Model MOFI7 Pro」2017年。34自由度（関節）を持つモーション・フィギュア。可愛いフィギュアの顔と体を持ち、自在にカスタマイズすることができる。こんなにスリムで美しい体形のロボットはこれまでなかった。

（上）写真５　「高坂ここな」と人間のモデル「大畑杏《あん》雛《じゆ》」（株式会社クィーンズアベニュー所属）によるユニット「プリティエンジェル」2019年。身長と体形がほぼ同じ。
（下）写真６　「高坂ここな」と「大畑杏雛」によるユニット「プリティエンジェル」。神田明神での巫女舞奉納。2019年９月〜10月。神田明神の正規の巫女服をお借りした。さすがに伝統の衣装なので風格がある。

僕らが目指すロボットは？

スリムで美しいロボット、モーション・フィギュアを実現するためのアイデアが固まり、それを具現化するめどが立ったので、次に、それをビジネスとしてどう生かしていくかを考えた。

最初に実現したいのは、いろいろなキャラクターの姿をしたホビー用の小型の動くフィギュアで、オタク系マニアに受け入れてもらうことだ。いきなり多くの一般のお客様にどんどん買ってもらえるという状況にはならないだろうから、まずはディープな趣味を持っている人たちに興味を持っていただくべきだろう。

「ワンダーフェスティバル」などのフィギュアの展示会で、40センチのモーション・フィギュアを使ったマニアたちがおのおの好きなキャラクターを選び、競い合うように展示し、デモンストレーションを行う。素敵な外装やモーション（動き）やせりふなどは、どれも目を見張るものばかり。そんな様子を思い浮かべるだけで本当にワクワクする。

　また、テクノロジーのイノベーションの面白いところは、それぞれの進歩が結びついていくことにある。なにもテクノロジーの世界に限ったことではないのだろうが、テクノロジー世界では時に融合すると新しい活路が開けることがよく起こる。

「初音ミク」を例にとっても、ＣＧで作成した仮想のキャラクターと、ＤＴＭで作った音楽（合成音声を含む）と、３Ｄポリゴンを駆使した映像とが融合して、一つのコンテンツにまとまってまったく新しい文化を生み出した。誰も想像できない世界だったと思う。

　動くフィギュアで描く夢は多岐にわたり、リアルな（人間の）アイドルと共演したらどうなるか？　初音ミクと共演したらどんな化学反応を起こすだろう？　能や文楽など日本の伝統的な文化とも融合できるかもしれないし、ミュージシャンのグループと舞台で共演するとか、映画などとコラボして主人公の女の子と一緒に上映会に登場したら素敵だろうなとか妄想は尽きない。

　もちろん、ディープなマニアに対してばかりでなく、広く一般にも使ってもらえるようになればうれしい。子どもの知育に、老人たちの話し相手兼健康チェックに、キッチンで料理のレシピを教えてくれる動くフィギュアとして、あるいはＴＶ電話ならぬ、離れた家族の分身として、コロナ騒ぎが収まったあとのソーシャル・ディスタンシングとして、あるいは分身願望を実現するのにもよいプラットフォームになれそうだ。

他にも、インターネットなどバーチャルな世界の情報を理解してもらうためのコンシェルジェとして、ロボットがそばにいてもいいと思う。

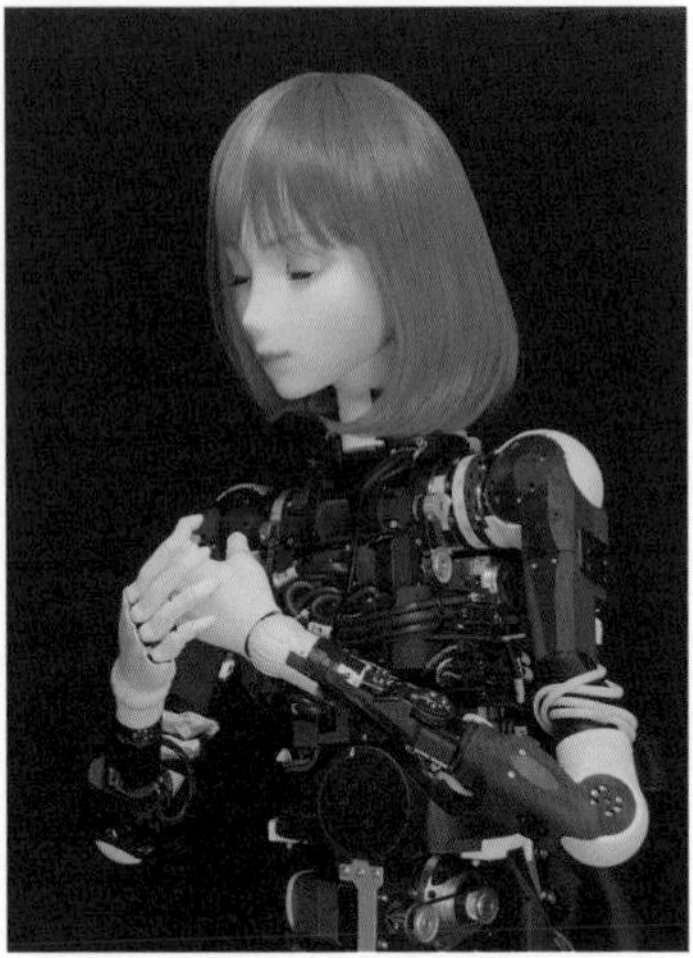

写真7　「高坂ここな」2019年。インターネットなどのバーチャルな世界の情報を、人間により容易に理解してもらうためのコンシェルジェとしての用途も考えられる。

インターネットは情報の宝庫でとても素晴らしいものではあるが、欲しい情報の探し方や情報の上手な使い方などに疎い方も相当数いらっしゃる。日々あふれ出す情報を使いこなすためのアプリケーションソフト(たとえばFacebookやYouTube、Zoomなど)もどんどん開発されてくるのはいいのだが、人間のほうが使い方に追いつけないといった困った問題も起こる。

ならばロボットに、それらのツールを積極的に使いこなし、欲しい情報を集めたり使いこなしたりするためのサポートをしてもらおうというわけだ。そんなロボットがいてくれたら、人間は楽になれるだろう。

そのロボットは、語りかければ応えてくれる単機能のアシスト型ではなく、外観的にも親近感が持てるものだとベターだ。親近感は感情を動かす。人は感情移入したものに対しては心を開いてくれるし、心を開いてもらえればコミュニケーションの質も変わってくる。いくらコンピューターの性能がよくなって音声認識などの技術が高まっても、肝心の会話をするほうの人間が心を開いていなければ、その人の心を推し量ることはできない。心を開いて会話をすることで初めて真のコミュニケーションは成立する。

そうなれば、ロボットは会話している人がどんな行動をしているかとか、どんなものが好きかとかいう一番大事な〝真の情報〟を聞き出すことができるようになる。

それこそが、昨今話題になっているビッグデータの中でも一番大事な個人の行動や思考を表す情報だ。その情報は販売店やＥコマースなどでマーケティングをしている人にとっては最も知りたい情報の一つだと考えられる。

家や店頭などで可愛いロボットが相手をしてくれて話をしてくれたらついつい本音を話してしまったりするのではないだろうか。

さらに、たとえばロボットがご主人様と会話を重ねることで、その好みがわかればそれに基づいてご主人様に新製品情報などを知らせることもできる。車が好きなら新車が出たらその情報をお伝えするとか、好きなミュージシャンのコンサートが決まったら教えてくれるとか、要するにロボットは有能な宣伝媒体にもなれるのだ。

『スター・ウォーズ』のＣ－３ＰＯや、Ｒ２－Ｄ２のような親近感を感じられ、感情移入ができて、人とＩＴの世界との相互理解を深めることができるロボットが隣にいたら、さぞ楽しいと思う。僕はそれを目指したいのだ。

ロボットとＡＩの共存

ロボットと同じように、ＡＩも社会に浸透してきている。人を手助けし、人に寄り添うＡＩは間違いなく活用の幅を広げている。

駅やリテール・ショッピング・センターやリゾートホテルの中には、ＡＩを活用したガイダンスを提供し始めたところもあるし、スマホの翻訳機能も変換率が格段に上がって暮らしの役に立ち始めている。

音声認識機能も成熟しており、身近なところではｉＯＳの「Siri」や「Googleアシスタント」は、語りかければ的確な答えを返すようになってきた。活舌のせいか認識してくれないこともたまにあるが、おおむね実用域に入ったといえるのではないだろうか。僕はすぐにメモを取りたい時にスマホにメモを作成してもらっている。

一般的に考えられるロボットとＡＩのコラボレーションはどんなことだろうか。以前ＮＨＫが、故美空ひばりさんをＡＩによる音声合成とＣＧ画像でよみがえらせ、新曲をステージ上で披露するということを番組内で試みていた。好みや倫理的な問題はあるだろうが、そういった技術を実現することも可能になっている。

昨今、ＡＩで一番進化しているのはディープラーニングという物事を分析する機能で、これまで人間のほうが得意とされていた画像認識とか音声認識、会話機能が格段に向上した。

今ではスマホのカメラで写真を撮れば植物名がわかるし、犬種を調べられたりもするし、電話によるクレーム対応などにもＡＩが使われている。従来は人間しかできなかった分析がＡＩでできるようになっているのだ。

もちろん、ＡＩはデータ処理を駆使した分析をするだけではない。人間ではできないような膨大な情報を正確に処理する能力を活用し、最近では医療分野でも広く使われていたりする。エックス線ＣＴ画像による診断をＡＩが行うことで、人間より迅速で的確に多くの情報を分析できるから、重大な疾患を見落とすようなことも少なくなるだろう。お医者さんも人間だから、疲れていたり体調が悪かったりすることで起こるヒューマンエラーの可能性を減らせるというメリットもある。

家庭にロボットがいて、ＡＩ機能が実装されていたらどんなことができるだろうか？

ロボットがカメラやマイクを実装していれば、部屋の中の様子を見たり音を聞いたりすることもできるから、室内の確認にも使えるだろう。ご主人様がいるかいないかも理解してくれるし、仮に病気で倒れても、１１９番通報してくれることも考えられる。泥棒が入ったら、警報を鳴らすようにしておくことも不可能ではない。

万が一に備えることも可能ならば、いつもの暮らしに役立てることもできる。また、室内の電子機器を操作することもできるから、ご主人様の帰宅に合わせてスイッチを入れたりする操作もこなしてくれる。そういったサービスをこなしていくようになると考えられる。

美しく可愛い動くフィギュアには人の警戒心を解くフレンドリーさがあるから、その親近感をマーケティングに生かすことが考えられる。ショッピングセンターなどで店員さんの代わりに等身大の動くフィギュアが対応すれば、皆さん興味を持ってくださるだろうから、いろいろなお客様情報が引き出せると思う。

認識機能を使えばお客様の男女別や年齢情報も得られるし、会話をすることでお客様が求めている情報も引き出すことができる。お客様の顔や好みを覚えておくことも可能だから、「今日は何をお探しですか？」と、あたかもお客様を前からよく知っている近所のお姉さんのノリで話しかけることもできる。いろいろな認識技術やＡＩ技術などを組み合わせることで、活用の可能性はどんどん広がっていく。

Amazonをチェックしていると自分の好みの商品を勧められるのと同じ感じだが、ロボットには人と話しているような感覚を抱いてもらえるだろうから感情移入もしやすく、情報も収集や発信が自然に行える。そうした技術自体はＡＩ分野ですでに多く開発されているから、その表現手段としてのロボット技術と融合してやればいい。それをするためには、次項で説明させていただくが、人間の脳幹にあたる部分を創造すればいいのだ。

ロボットとＡＩというテクノロジーはそれぞれ独立したテクノロジーではあるが、こと親しみを抱いてもらえるようなロボットに関しては、２つの技術領域は大事な補完関係にあるといえる。人間は頭で考えることと体で表現することを一つのまとまった行動として行っているので、それらの技術は不可分であると僕は考えている。

ロボットとＡＩはそれらを組み合わせることで、発展性のポテンシャルがより高まるプロダクトであろう。

思考の体現

僕は脳やＡＩの専門家ではないのでおおざっぱな話しかできなくて恐縮なのだが、今現在もてはやされているＡＩは、人工知能と一口で語ってしまうと見えてこない細分化された役割がある。皆さんが真っ先に思い浮かべるのが、思考したり知識を蓄えたり判断したりする大脳の役割だろう。加えて先にふれたディープラーニングという機能があって、これは情報を分析する能力。人間にあてはめると小脳ということになるだろうか。

そしてこの頭脳の集合体に肉体が組み合わさると、人間として過不足なく機能するようになる、とつい考えてしまいがちだが、ロボットを開発していると、人間にはもう一つ、大事な器官があったことに気づかされる。脳で考え判断し、分析して行動を起こそうとするとき、肉体との間を取り持つ機能がどうしても必要になってくる。人間にはその役割を果たす器官があって、それは脳幹と呼ばれている。

脳幹は運動神経などを司り、多数の生命維持機能も含んでいる。

肉体と頭脳とを脳幹を通じてつなぐことにより、初めて意志はアクションに結びつくのだ。

ＡＩは必要に応じて機能を組み合わせれば実用化されるのだけれど、肉体と頭脳はソフトウェアを組み合わせるみたいに簡単に結びつけることはできない。人間の思考と行動の間にはかなりのギャップがあることは皆さんも想像がつくだろう。

たとえば頭の中で「ＹＥＳ」と考えたとして、人間は自然に「首を縦に振る」ことができる。指先で熱さを感じれば自然に手を引く。道に穴ぼこがあいていたら自然に避けて通ったりもする。それを頭脳が考えてやっているわけではない。そのように思考と行動の間にはかなりの通訳作業が必要なのだ。

頭脳が考えた結果としての思考をロボットの肉体に行為として実現させるための間を取り持つ器官――僕が挑んでるのは、この脳幹の機能を実現することではないかと考えている。

ＡＩが思考したいろいろなことをリアルな人間世界にロボットを通じて表現させるには脳

幹部分の神経系（ソフトウェア）を創造しなければならない。そして、その思考を具体的に表現するためのアウトプット・デバイスとしてのロボットが存在するというわけだ。

思考の体現という観点から見ても、ＡＩとロボットは切り離して考えることはできない。

「人工の魂」が創造される

僕が創造するロボット、モーション・フィギュアは優れた関節の可動性があり、身振り手振りなどの仕草でさまざまな感情を人に伝えることができ、それにより親近感を持っていただくことができる。そういった機能を応用した未来のロボットの姿を予想すると、バーチャルな世界とリアルな世界をつなぐ情報伝達のアバターになれると考えている。

昨今、ＡＩをはじめとする思考・判断系のソフトウェアや、音声コミュニケーションのソフトウェア、顔や部屋の状態を認識するソフトウェア、いろいろな外界の情報をセンスするハードウェアやソフトウェアなどがどんどん生み出され、車の自動運転なども実用化され、コンピューターやネットワークなどのバーチャルな世界とリアルな人間の世界がどんどん近づいている。それらの技術を使えば、ロボットはどんどん人に近い行動を取ることができるようになることは皆さん想像をされることと思う。
リアルな世界の情報をいろいろなセンサーでとらえ、ＡＩ機能で分析して判断し、判断結果をロボットの身振り手振りや音声などで表現して人間に伝えることができるようになる。

少し話が飛躍するかもしれないが、僕はいずれネットワーク上に〝人工の魂〟が創造され、その魂同士がコミュニケーションし、より知識を蓄えていく世界が実現すると思っている。その魂は自分が過去に経験した記憶を持ち、その魂自体に好みや性格があって、それに基づいてネット上の情報を集めて整理したりして、ご主人様に奉仕してくれるようになるだろう。

そうなった時に、その魂が人間の住むリアルな世界とコミュニケーションするには何らかのアウトプット・デバイスが必要になる。もちろん、スマホやＰＣなどの画面もその一つではあるが、やはりリアルな肉体が必要になるだろう。それが僕らが目指すモーション・フィギュアだと思っている。モーション・フィギュアがあることで、バーチャルな世界の人工の魂とリアルな世界の人間がロボットを通じてコミュニケーションすることができるようになる。その人工の魂は僕らの守護霊のような存在で、バーチャルな世界の情報を駆使してリアルな世界の僕たちを助けてくれるだろう。

人工の魂はネットワーク上の存在だから、どこにでも瞬時に移動することが可能だ。ある時はご主人様の家のモーション・フィギュアに乗り移り、またある時はご主人様のスマホ上のアイコンとしても活躍してくれるだろうし、自分の代わりに海外での会議に参加してくれるようにもなるだろう。

また、知り合いのお子さんにおめでたいことがあったらお祝いを伝えたりもできるし、近所の犬仲間の情報を守護霊同士がやり取りしたりもできるだろう。お父さんが好きなゴルフの新しい製品が発売されたら教えてくれるとか、好きなミュージシャンの曲が発売されたら教えてくれるとか、ご主人様の代わりに好きな情報をネットから探してきてくれるお役立ちアバター（分身）にもなってくれるだろう。

つまり、守護霊同士はネットワーク上でつながっているから相互に情報交換も可能で、独自の世界を構成していてご主人様をいろいろな面で助けてくれる存在になれるのだ。

そのような人工の魂の思考をリアルな世界に投影するためのアバターであるモーション・フィギュアにはどんな機能が必要だろう？

人が情報を他の人に伝える時、言葉による伝達は実は意外に少なくて、身振り手振りや顔の表情、態度などによる伝達のほうがはるかに大きいそうだ。確かに、相手の人が信じられるかどうかという一番大事な判断をする時は、相手の言葉より表情や態度のほうを見ているように思う。つまり、ネットワーク上のＡＩなどがアバターを通じてリアルな世界に情報を伝達する時、一番大事なのは身振り手振りや顔の表情、態度、声質などを正確に伝えることだと考えられる。そのために美しくて、人間に近い自然な動きができるロボットが必要なのだ。

最近の潮流として、コストを下げる関係でコミュニケーション・ロボットの可動域（関節の数とその動く範囲）がどんどん減らされていってしまっていると思うのだが、僕は身振り手振りで感情を伝えるなら最低でも20自由度程度の関節数（自由度とは自由に動かせる関節の数。自由度の数が多いほど繊細な動きができる）が必要だと思っている。それぐらいの自由度がないと動きで感情を伝えるのは難しい。

コストのためにその機能を削減してしまうのは本末転倒だと思うのだ。感情を伝えるためのアバターとしては、単純にちょっとだけ動けばよいというものではないと考えられる。

第5章

木を見て、森も見る

イノベーションの源泉

僕はいいアイデアなしにイノベーションはあり得ないと考えている。それも、会議で話し合って出てくるようなアイデアでイノベーションができるなら苦労はない。むしろ飲み会でバカ話している時のほうが、よっぽどいいアイデアが出てくるし、生産的だ。

僕は、会った人や話した人が面白そうだなーと思ったら飲み会に誘う（コロナの影響でだいぶ減ったけど）。形式ばった垣根を取り除いたほうがコトの本質に迫れるから。アイデアというのは形式の対岸にあるモノだと思う。

戦後、長年日本は、欧米に追いつけ追い越せで製品を真似て市場を伸ばしてきた。だから本当の意味で製品のアイデアを出し、市場を開拓してきたという経験はほとんどない。日本で製品のアイデアをオリジナルに考えて、製品化してきた会社も少ない。

昨今、日本が米国などと比べると新しい製品アイデアの創出に出遅れているのが残念だが、それは、そういうことをしてこなかったのだから当たり前のことなのだ。土台がないにもかかわらず、昨今のイノベーション・ブームなのだから戸惑ってしまう。「嘘くささ」もそこからくる。

やみくもに「イノベーションをしよう！」と声をあげるのではなく、そろそろ、どのようなステップを踏めば本当のイノベーションが実現できるのか、そのことを真剣に考えなければならないのだと思う。

イノベーションをしたことがない大企業が中小企業のアイデアを譲り受けて即座に本当のイノベーションができるのだろうか。それは単にイノベーションのふりをしたアリバイ工作のように感じてしまうのだが。

市場調査に意味はない

よく日本では「ビジネスをする時は顧客のニーズをよく聞いて開発しなくてはいけない」という話を聞く。だが、僕にはそれは信じがたい。顧客はそれまで存在していた商品のイメージは持っているだろうが、存在しなかった商品はイメージできない。だから新しい商品そのものに関する意見を聞いても無駄なのだ。

ソニーでは市場調査はしなかった。市場調査はしても意味がないことがわかっていたから。

市場調査が意味を持つのは、類似の改良品を世に問う時だけだ。だって馬車しか知らない人たちに自動車のビジネス・モデルを訊いても、わかるわけがない。それと同じだ。

ソニーでは市場調査をする代わりに、市場を啓蒙するということを頻繁に行っていた。ウォークマンが世に出る時も、社員がウォークマンを着けて山手線の中で音楽を聴き、啓蒙活動の一つとしていたというのは有名な話だ。ウォークマンで音楽を聴くという行為のイメージを喚起するために作られた、サルがヘッドホンで音楽を聴くあのCMも話題となった。

新しい商品を創造したいなら、アイデアを考え、実現し、市場を啓蒙するという一連の流れが必要なのだ。そして、その一連のプロセスこそがイノベーションなのだと思う。

「ビジネス・スピリット」と「ビジネス・モデル」

ビジネス・スピリットとは序章でふれたように、会社などの組織がどうビジネスに取り組むべきかの根本となる「ビジネスの魂」をシンプルに表現したもの。その組織がビジネスを成り立たせるための一番基本となる考え方、手法や分野を定義したもので、ビジネスを軌道に乗せるための魂（原動力）だ。

魂がなければ肉体も存在し得ない。

肉体というのがそのビジネスを実現するための組織＝会社であり、その組織が働くためのロジックを定めたプログラムがビジネス・モデル（後述）だ。

ビジネス・スピリットがあるから組織という肉体に存在価値が出てくる。ビジネス・スピリットの考え方に沿って肉体を動かすことで、肉体の動きが効率的になる。

このビジネス・スピリットは、時代とともに生まれてくる製品や技術によって変わってくるものだから、時間とともに変化していくのは当然だ。ビジネスの初期にうまく機能していたビジネス・スピリットも、時代とともに世の中とアンマッチになっていく可能性があるのはこのためだ。

たとえば、ソニーのオーディオはもともとアナログでスタートした。レコード盤やテープレコーダーだ。それがデジタルの時代になった時、あの井深さんでさえ、デジタルはソニーには向かないとおっしゃったと聞いている。危うくＣＤの開発プロジェクトもつぶされそうだったとか。今考えれば信じられないことだが、そういうことが起こりうるのだ。ビジネス・スピリットを変化させることに失敗するととんでもないことになる。

似た単語に「ビジネス・モデル」がある。言葉としては似ているが全然意味が違う。

投資家の方々と話していてよく訊かれる。

「このプロジェクトのビジネス・モデルは？」

ソニーを辞めて初めて〃ビジネス・モデル〃という言葉を聞いた時、それは何だ？　と疑問に思った。ソニーではビジネス・モデルという言葉を聞いたことはなかった。それよりビジネス・スピリットを大事にしていたからだと思う。

「ビジネス・モデル」とは、製品やアイデアを使ってどうやって収益を上げるかの方法論を指す。たとえば、ある製品があったとして、それを開発した会社と販売する卸業者と販売店がどういうルートでその商品を流通させ、顧客に対しどういうサポートをし、どういう割合で費用負担し、収益を分かち合うかなどのルールを明らかにしたものだ。それはビジネスの考え方の根本となるビジネス・スピリットとはかなり性質が異なり、より具体的な組織の働き方を定めた契約内容に近いものだ。

僕は日本で議論していてビジネス・スピリットを誰かとともに話した経験はほとんどない。正直すごくフラストレーションだ。ビジネス・スピリットをまず心いくまで議論して、それがはっきりしてから「ビジネス・モデル」を話すべきで、ビジネス・スピリットより先にビジネス・モデルが問われるのはどう考えてもおかしい。

なぜ日本で新しいビジネスが生まれにくいのか？

日本企業がビジネスを考える時、その考え方には帰納法が使われるという。帰納法とは、多くの観察から相似点を分析し、必要な結論を導く方法だ。

たとえば顧客のニーズを把握し、製品・サービスの「カイゼン」を行うことに向く。新ビジネスを提案する時も、事業現場から収集された顧客ニーズの理解が重要だ。失敗を回避する目的で、市場調査などを入念に行い、観察した事実が企業の持つ経験や勘と合致するかが重要で、社内のコンセンサスを得ることが第一だ。

帰納法の問題点は、市場のニーズに応えようとする発想なので、未知の商品を創造しようとすることには向かない。まったく新しい商品は創造できないのだ。

一方、演繹法では、仮説やルール、観察事項からロジックに基づき必然的な結論を導く。

その方法なら新しい商品を創造することも可能だ。シリコンバレーではこの方法に基づいてビジネスを考えているという。

つまり、新しいビジネス・商品を創造したいのであれば、考え方そのものを変えなくてはいけないのだが、日本の多くの企業ではその考え方を今まで経験していないから創造しようがないのだ。その根底を変えずにシリコンバレーを視察し、イノベーションを論じても意味がない。

本末転倒な日本の組織

さて、今の日本の組織体系を考えた時、「よいビジネス・スピリットを考え出して、それを新規事業として実践しよう！」と動く企業はあるだろうか。１００％あり得ないことは、企業に属し、会議に参加したことのある人なら誰にでもわかるだろう。結局は数字的な事業計画に立ち返ってしまって、イノベーションに欠かせないビジネス・スピリットがどんどん削られたところで決着がつく。それは、長い目で見れば組織自体の成長を止めてしまう本末転倒な問題だ。

どうしてこのようなことが起こるのだろう。

日本のほとんどの会社は上意下達で、ピラミッド型の上部に位置する上司が責任を持つことで、バランスが保たれているようにできている。どれだけ現場で熱意のあるイノベーションのアイデアが生まれても、その熱意は上意のフィルターを経るごとに、数字を伴う事業計画やら、類似事業との比較書類作成とやらに時間を割かれ邪魔されて、冷めていってしまう。

一方、安定した経営を求める組織としては効率化を同時に考えていかなければならず、最も効率的な事業を取捨選択させようとするバイアスがかかる。つまり、最も失敗する可能性が少ないものを選択させようとする圧力だ。

この抵抗圧力にかかると、イノベーションはひとたまりもない。なぜなら、上意を説得するために必要な裏づけとなるデータがいっさい存在しないものを提案しているからだ。証明できる前例がなければ、上司にとって判断のしようがなくなる。判断できないものは、事業として選択することができない。新しいアイデアの提案をしても、「それのビジネス・モデルはあるのかね?」と訊かれたらそこでおしまいだ。

確かにイノベーションは冒険だと思う。失敗するかもしれないことを上司に相談すれば、上意下達の組織では、なかなかやっていいとは言ってくれないだろう。よほど自身で判断する気骨のある上司でない限り。だからといって体制に従っているだけでは、殻はいつまでたっても破れない。

ビジネス・スピリットはイノベーションを起こすための原動力（魂）だ。その原動力は日頃から大事に育て、時には修正していかないとならない。常に新しいことにもチャレンジする精神も持たなくてはいけないし、いつまでも同じビジネス・モデルでは通用しなくなってくるから、ビジネス・モデルを変化させるためには、その基となるビジネス・スピリットを正しく理解してそれを修正していかないとならないのだ。

動力部をなくしてしまえ！

日本文化が世界に誇るアニメやマンガのキャラクターが動いたらさぞ楽しいだろうと思いついたことは前にも述べた。

しばらく考え続けたが間違っていないように感じられたが、技術開発をする前に調べておかなければならないことがあった。そのニーズが本当に市場にあるのか？

それはその市場に詳しい人に聞くのが一番だ。

大阪のオタク・アニメ会社の社長さんとお話しする機会を得て、手厳しい条件を突きつけられた話にも前にふれた。

「スリムで静かなロボット」

ぼんやりと思い浮かべていたのは、筋骨隆々なロボットにデフォルメされたアニメ・キャラだったから、そこで突きつけられた条件はあまりにも衝撃的で、自分の無力に肩を落とした。当時、うちの会社のロボット技術では、あまりにハードルが高すぎた。

今ある技術で作れるロボットではなかったが、諦めることはしたくなかった。「スリムで静かなロボット」さえ実現できれば、ニーズがあると言われたのと同じなのだ。こうした現場レベルでの実感は、生きたマーケティングだと思う。

スマートでカッコよく可愛いロボットはとても魅力的に思えたし、モノとしてのロボットからパートナーといえるロボットへ変化させるアイデアを閃《ひらめ》かせてもらえたとも思っている。スマートな動くフィギュアは、これまで存在しなかったから。

それでも、なかなかいいアイデアは生まれない。細い手足にくびれた腰。アニメ・キャラそのものの体躯。「駆動部がかさばるんだよなあ」ということはわかっている。

ある時、だったらロボット本体から駆動部をなくしてしまえ！　と閃いた。

アイデアを思いつけば、実現するのはそれほど難しいことではなかった。3個のサーボモーターとワイヤーで頭、肩、肘を動かす試作第1号機を作った。今も会社に大事に保存してある。未熟な物ではあったけれど、頑張れば実現できることは確認できた。それが当社のリモートモーター式ロボットの第1号機であった。

試作第1号機を作ってハッキリ見えたのは、

①この方式はいける！
②課題は関節の構造と安定的なワイヤーでの駆動力の提供方式
③部品が少なくて済むから美しい関節も構成できそうに思う

ということだった。そして思ったとおり、その後各種の改良を加えてどんどん完成度が上がっていった。うれしかった。

20関節程度のタイプも試作した。そして45センチのモーション・フィギュアは関節数が34個もあった。一般的な2足歩行ロボットの関節数が17〜20程度だからかなり自由な動きを実現できた。その一瞬の閃きがなかったらモーション・フィギュアは実現できていなかったかもしれない。

「高坂ここな」誕生秘話

その後、等身大の「高坂ここな」を開発したのは、どこまで人に近い表現ができるロボットを実現できるのかへの挑戦であったように思う。そして等身大ということで得られる親近感があると信じていたから。

東京・吉祥寺のブティックの店頭でデモした時（写真8、162ページ）、特に女性の方々や子供たちの反応が面白かった。

女性の方々は「可愛いー」と言ってくださることがすごく多く、子供たちはじーっと見入ってやがて手を握りに行ったり抱きつこうとすることが多かった。男の子はもじもじして照

写真8　「高坂ここな」2019年。東京・吉祥寺のブティック、大原商店でのデモ。お店が販売している服を借用。この時のビデオをFacebookに掲載したところ、100万リーチに達した。

れてしまっている様子も見られた。大成功だと思った。その用途は多岐にわたって広がるものだと信じている。

　等身大の「高坂ここな」は、開発時に１５５センチで普通体形の女子型を目指した。しかもこれまでの小型モーション・フィギュアと違って、「高坂ここな」を動かすモーターはすべて体の中に収めることができた。躯体が大きい分、収納スペースを確保しやすかったから。

　とはいえ、すんなりと開発が進んだわけではない。

たとえば肩の関節の部分は構造上、どうしてもモーターを入れることができなかった。肩の関節というのはロボットにとっては最も実現が難しい部位。なぜなら腕はすごく長いので、それを上下に稼働させるためのモーメントは恐ろしく大きくなる。しかも肩は１８０度以上に回転もすれば、左右に開く方向にも１００度近く動く。スリムな肩の機構の実現は、ロボット技術の集大成といってても過言ではないかもしれない。その肩を普通体形の女子型のフォルムの中に収めるというだけで半端ではないハードルがある。

肩のモーターは少し離れた胸のあたりに収納し、シャフトやベルトで回転力を肩まで伝えている。実現できたけど、その苦労は、語ると長い自慢話になるほど大きなものだった。そういった開発の結果として当社の大事な技術である「リモートモーター技術」の特許を得ることができた。最初から特許が取れるかどうかなんてわかったものではない。特許を取ろうと思って考える特許なんて大抵が空回りで終わる。

何が大事なフィーチャーかは最初から見えていることは少なくて、開発していくうちにどんどん変わっていくものだと思う。それに柔軟に対応し、目標も必要に応じて変更していく必要があると思う。事業計画は大切なビジネスの道筋だから完璧な計画にしておかなければならないという考え方には無理があるし、計画は完全無欠なものだからそれに従わなくてはならないと固執することも本末転倒だ。

技術系とアート系の間にあるギャップ

メディアの方などにインタビューされると、ロボットに一番大事なことは何かとよく聞かれるのだが、僕は「外観と表現力」だと答える。どんなに優れた機能があったとしても、ロボットが美しくなかったら感情移入してもらえない。

ＡＩＢＯはユーザーの皆さんから名前を付けてもらい、名前で呼んでもらえていた。ＡＩＢＯは世界で最初の名前を付けてもらえるコンシューマーＩＴ製品ではなかっただろうか。それほど愛されていたのにはやはり外観の美しさのおかげもあったと思う。

今までのロボットで外観にこだわって、かつ動きも繊細だというロボットはＡＩＢＯ以外なかった。アート系のデザイナーさんが外観だけを美しくしたマネキンのようなものを発表したことはあったけれど、機能と美しさを兼ね備えたロボットというものはＡＩＢＯ以外には今までない。

そうなっていた理由の一つは、エンジニア系の考え方とアート系の考え方にはずいぶんギャップがあるからだ。エンジニアはどうしても機能を実現することに集中してしまう。一方、アート系の方々は美しさだけを追い求めて機能はないがしろにしてしまう。

両者は相いれない部分が大きい。

たとえば、ロボットの動き（モーション）の作り方を見てもその両者にはギャップがある。エンジニアにロボットの動きを作らせると、まるで手旗信号のようなギクシャクした動きになってしまう。エンジニアには〝美しい動き〟というのが理解できないのだ。

一方、アニメ作品などを作るアート系の方は体全体をいかに美しく動かすかを考えてくれる。ロボットを美しく動かせる人たちはアニメーターなどの人たちなのだ。

ところが逆にアート系の人たちは、美しくなければすべてを否定する傾向がある。技術的にどんなに頑張っても見た目がちょっとでも気に入らないと否定する。こういった食い違った話の間を取り持つのはとても難しい。もちろん妥協しすぎるのはいけないけど、どこかで手を打つところが必要なことも間違いないと思う。

技術系とアート系の間にあるギャップは、デザイン・ツールにも表れている。技術系の人が使うデザイン・ツールはＦＵＳＩＯＮなどの３Ｄ ＣＡＤだ。そしてアート系の人が使うツールはＭａｙａなどの３Ｄ ＣＧソフトだ。３Ｄ ＣＧツールは直観的に３Ｄ画像の形を変えられる（必要なところをつまんで引っ張る感じ）のに対して、3D CADでは論理的に関数や数字で入れなくては変更できない感じだ。

そのように文化の違う2つの事柄を結びつけるのは厄介な問題も含んでいるし、知らないでいると議論で着地点を見つけることが困難になってしまう。

既成概念の破壊という難題

僕は動きも繊細でかつ美しいロボットを実現したかった。そのためにはそういった異なる文化の2つの世界の橋渡しもしなくてはいけないし、関節にモーターを置いたのではどうしてもスリムなロボットは実現できず、リモートモーター方式を考え出す必然性があった。

「美しくてスリムでスムースに動く機能的にも優れたロボットを創りたい！」と明確に指示しなければ、普通のエンジニアはそのようなハードルの高いロボットを開発したいとは自分からは決して思わないし、アート系の人たちはめんどくさい技術に取り組もうとは思わないだろう。なかなか異なる文化はおいそれと混ざり合ってはくれない。

また、僕たちはマネキン業界の大手の会社さんとも話している。マネキン業界としても動くマネキンは将来的に必要だろうとはお考えのようで、非常に興味は持ってくださった。だが、マネキンというのは服を美しく見せてなんぼのツールなので、服が美しく見えることが至上命題なのだ。ということで、一般的なマネキン自体は結構重量のある質感の高い物体に仕上がっている。いくら動くようになるとはいえ、その質感を壊したくはないようで、どうしても話し合いが平行線をたどってしまう。

僕はいつか、従来とは異なる考えに基づくマネキンが世に現れると信じている。動くということのメリットを最大限に生かした見せ方があると思うのだが、それを今までの常識で評価することはとても難しい。

新しい商品を開発するには技術的な困難を克服するばかりではなく、それまでの社会の既成概念に一石を投じる俯瞰したところから物事をとらえる視点も必要なのである。

「不気味の谷」問題と「魅力の谷」問題

もう一つ悩ましいのが、僕らはロボットをなるべく人に近づけようとして開発をしているのだけれど、よくロボットのぎこちない動きに対していわれる「不気味の谷」問題は、僕らの等身大アイドル・ロボットはすでに超えていると思っている。今、問題にしているのはその次の課題「魅力の谷」の問題だ。

等身大の「高坂ここな」を会社に見に来てくださる方々は、ほとんどの方が「このロボットはロボットらしくない」（つまり、ぎこちない動きがない）と言ってくださる。街中でデモしても、多くの女性方が「わー、可愛いわねー」と、まるで人間と接するかのように言ってくださる。もちろん、不気味だという人もいなくはない。ただ、それはあまりにもリアルなのでどう反応していいのかわからないということなのだと思っている。

「魅力の谷」の問題とは、ロボットを人間に近づけていくとあまりにも普通のことのようになってしまって、ロボットとしての魅力が減ってしまって世間からの評価が下がってしまうという問題だ。もっとアンドロイド的だったり、Ｃ－３ＰＯ的な顔にすればそういう問題はなくなるのだが、そうすると僕らが何を目指しているのかわからなくなってしまう。

正直、それをどうすればよいのか悩んでいるところだ。普通を目指しながら魅力的であるためにはどうすればよいのか？　アニメ調の顔にすればよいかというと、どうもそうでもないように感じる。

これも、おそらく世界中で僕らだけが悩んでいる問題なのだと思う。いずれ解決できるだろうが。

閃きはどこから生まれるか

腰の関節部がうまく稼働しないという壁にぶちあたったことがあった。外観も美しくなくてはいけないし、機能的には前後左右に自由に動かなくてはいけない。どのようにすればいいのか、参考にできる技術があればとっくに参考にしているが、そんなものは調べたけど、存在しなかった。だったら自分たちで作り上げなければならない。

足の付け根の可動を自由自在にし、可動域を広くするには、それまで採用していたような構造では実現できなかった。球体関節にすれば、どうにかなりそうだ、という発想があって、実際に作ってみる。パーツを組み合わせて動かしてみると、確かに理想に近づく。だけど、形が複雑になるので駆動方法がとても難しく満足のいくような動きが出せないことのほうが多く、何度も繰り返し試作してみる。

このように、トライ・アンド・エラーを繰り返していくうちに、丸い関節を前後にも左右にも動かせ、さらにその中をその先の関節（たとえばひざなど）を動かすためのワイヤーを通せる構造ができ上がった。それによって初めてスリムで美しいロボットを動かすことができるようになったのだ。

また、ＣＰＵやサーボモーターが入ったボトムケース（からくりユニットと呼んでいる）とフィギュアが取りつけられたアッパー部分を分離したいという事情が出てきた。ＣＰＵやモーターは部品として高価なので共通部分として１台持っていればよいが、フィギュア部分についてはいろいろなキャラクターに交換してみたくなるだろうということが想像されたからだ。とすると、考えなければならないことはいかに簡単に交換できるようにするかだった。

そこで、サーボモーターの駆動軸をすべて上方向に向けて取りつけ、その駆動軸にテンショナーというワイヤーを固定する部品がはまり込む構造を考案した。

それには課題があって、アッパー部分がはまり込むところにはある程度のフレキシビリティを持たせなければならないのだ。差し込むアッパー部分のフィギュアの形状や状態で各テンショナーの角度が異なるから、多少の角度のズレを吸収し、すんなりと入ってくれなくてはならない。同時に多数あるサーボとそれらがいっぺんに嵌合《かんごう》しなくてはならないのだ。そこで、嵌合する部品にテーパーをつけて多少角度がずれていても自動的にはまり込むようにした。これによりアッパー部分は簡単に交換できるようになった。

一瞬の閃きで事が解決することもあるけれど、それのベースには長い時間考えたり、いろいろ試行錯誤したりの蓄積があるからであり、結果として閃くことがあるということだ。積み重ねのない単純な一瞬の閃きだけですべてが解決するなんてことはまずないと思う。

森も見るけど、木を見る時は徹底的に深める。そして、悩みに悩んで習得した技術はすべて特許が取れている。間違いなく世界中で誰もやっていない技術を見つけたからだ。

僕は常々思っているのだけれど、「今すでに世の中にあることで世界一になるのは不可能に近いが、世界中で誰もやっていないことを見つけ出せば、僕が世界一」なのだ。日本人は前者を目指そうとして挫折しているように感じるが、海外の人たちは後者を目指そうとしているように感じる。考え方の根源が違うように感じるのだ。

視点を少し変えるだけでニーズは掘り起こせる

世の中にはうまく実現すれば大ヒットになるアイデアがたくさんあるのだと思うが、それをまず思いつかなければならないし、さらに、それを実現しなくてはイノベーションにならない。そのハードルはものすごく高い。何しろみんながまだ知らないものを頭で想像し、だんだんと形にし、ビジネスになることを説明していかなくてはならないのだから。大変な作業だ。

時々、何でこんな大変なことをしているんだろうと自分で思うことがある。単純な〝カイゼン〟ビジネスをしていたほうがずっと楽だろうともつい考えてしまうことがある。だが、僕はそうは思っても、実行できない体質らしい。カイゼン・ビジネスには、どうしても情熱が湧いてこない。やる気が起きないのだ。

それに対して、真剣にイノベーションに取り組むことは面白い。やり始めて徐々に解決していくそのプロセスのわくわくドキドキの楽しさを経験してしまうと、それ以外のやり方は受け入れられなくなってしまうのだ。

世の中には「こんなものがあればいいな」というニーズがまだまだたくさんあるし、考えるとわくわくしてくる。当社のリモートモーター技術に関しても、その一つだった。たまたま開発の隙間があって、それを形にしたのだ。

問題は、その隙間をどうやって見つけるかだった。一般的に新規事業をする場合、まず最初にやることは特許を調査するというのが一般的だと思う。これをやらされたことがある人なら、それがどんなにつらい作業かご存じだろう。だって世界中の（日本だけだとしても）あふれ出すような量の特許の中から、自分がやろうとしている技術開発に類する特許を探すなんて不可能だということは想像がつくだろう。キーワードで検索をかけたとしても、関連するキーワードがどれだけたくさんあるかを考えるだけで気が遠くなる。特許事務所に調査を依頼しても、精度が高くない割には費用は莫大だ。だから僕は会社を作ってから特許調査を一度もしたことがない。

僕は特許の隙間を探すのをなるべく低コストにやる方法を考え出した。特許事務所の方々は何となくはそれのやり方を心得ているようだったが、明確に教えてくれるわけではない（隠しているのではなく、体系的に理解しておらず、その重要さに気がついていないのだと思う）。

簡単にいえば、特許を押さえているのは特許庁なのだから、特許庁に検討してもらえば一番確実なのだ。調査するという発想ではなく特許を出願する方法に工夫をして、特許庁にいかに（低コストで）働いてもらうか考えればよかったのだ。隙間がありそうなところを想定して絨毯《じゅうたん》爆撃するという感じか（詳しく知りたい方は別途相談に乗ります）。

特許庁はお役所なので、「ここに隙間がありますよ」とは教えてくれないが、絨毯爆撃をすれば「そこはダメ、ここもダメ」と教えてくれる。そうすればどこに隙間があるかは見えてくる。この方法そのものを特許にしたいくらいだ。

この隙間の数々は、アイデアの宝庫であるようにも思う。ところが、大地にぽっかりと穴を開けるポケットにひそむものだから、誰にでも見つけられるようなものではない。立ち止まり、じっと足元を観察していないと、そこに落ちているものは見えてこない。だが、確実にそこにある。

見つめる目の角度を少し変えるだけで、その隙間が垣間見えるかもしれない。垣間見えたら、次にすることは、いかにしてそれを掘り起こし、実現するかだ。

「森」は見えているか

専門家の皆さんからちょうだいする指摘はすごく役に立つことが多いのだが、その分野を突き詰めているからこそ、つい細かいところに目がいってしまい、マクロなものの見方ができないことがある。

人には森を見る人と木を見る人がいる。

僕は人と話す時、相手の人がどっちのタイプかを見極めるようにしている。森を見ている人か、それとも木を見ている人か、を。

細部にこだわる人はどうしても物事をマクロに見れない傾向にある。ミクロにしかとらえられない人は、いくら僕がもっと大枠でマクロな話をしたくても、どんどん話が細部にのめり込み、困ってしまう。しかも昨今の世の中、自身を他者と差別化する個性として細部にこだわることを利用する傾向があって、専門的に特化することで生計を立てている人が多いような気がする。

エンジニアにも両方のタイプがいて、どちらか一方に属していることがほとんどだ。

ソフトウェア・エンジニアでも、中には木を見ることに優れていながら、森も合わせて見ている優秀な人がいる。そういった人は、僕のようなソフトウェアの素人と話していても、こちらの経験不足を補って理解できるように話してくれる。マクロな話にもちゃんと対応してくれるのだ。

僕はソニーで、強固な組織と自由なエンジニア環境を目の当たりにしてきた。自由に開発させてくれる環境は数々のイノベーションを生み出し、製品化されたものをきっちりとした体制で販売していく。昔のソニーの上層部の方々はマクロな森が見えているから、ミクロな仕事については放っておいてくれたのだろう。そのほうが結果としていいものを生み出せることを知っていたから。

僕は、こうした自由な開発体制が整っていることに、とても驚かされた。

初期のファウンダーと直にふれ合っていた方々に話を聞くと、「盛田さんが喜んでくれる製品をいかにして開発しようか」と考えていたという。盛田さんに「いいね！」と言ってもらいたくて開発していたというのだ。ソニー内部では盛田さんが消費者の代表だったのだ。

そうして開発される商品には魂が宿る。本気で作るから、商品も売れるという循環だったのだと思う。盛田さんが世界中にいる多くのお友達とコミュニケーションしながらしっかり世界を見つめ、マクロな視野でどういう商品が必要かを考え出し、それを担当する人たちがミクロな視野で高品質に製品を生み出すという好循環が成り立っていたのだ。

僕はマクロなことがらがきちんと見れる上司が欲しかった。僕は盛田さんと直接お仕事をしたことはない。盛田さんとお仕事ができればソニーに残れたのかもしれない。残念なことの一つだ。

ソニーは僕の学校だった

僕は、「世界をあっと言わせる製品を生み出すソニー」が好きだった。

エンジニアリング、マーケティングという枝葉末節なこともよく把握し、社会の動向や顧客の志向というマクロな視点も同時に持つ——複眼で物事をとらえることがどれだけ大事かを教わった。それは、井深さんと盛田さんという個性の違うお二人がうまくバランスを取って築き上げた奇跡の会社だったのだと思う。そしてソニーは僕の学校で、僕はそこの卒業生だと思っている。

歴史的に見るなら、ソニーは幕末に異彩を放った吉田松陰の松下村塾《しょうかそんじゅく》とイメージが近いのかもしれない。物事の本質を見極めて方向を定め、それを啓蒙して実現する人たちを育てる努力をしていた。

今のままでは、そんな学校はもう二度と日本には現れないのかもしれない。だからこそ今一度日本に、木を見て森も見られる人材を育てることの大切さをみんなで考えていかなければならないのだと思っている。

情報がきちんと腑に落ちているか

森を見るという観点から、もう一つふれておきたいことがある。それは、情報が腑に落ちているかどうかということ。

いろいろな方のお話を聞いていて本当に面白いし役に立つなと感心させられるのは、物事をよく観察し、それについて自分なりに考えた末に大事なエキスみたいなものをつかんでいらっしゃる方、いわゆる「情報がちゃんと腑に落ちている方」からの情報だ。そうしたとらえ方ができる方は、見た感じも尖っていないし、話をことさら誇張することもない。普通に対面し、普通に話してくださる。

僕はそういう人をずっと探している。確率は少ないが、たまにそういう人に出会うと本当に得した気分になる。それは年齢とはまったく関係がない。若くてもそういう人もいる。そういう人とは僕は年を忘れて会話するし、長く付き合える人は最終的にそういう人たちになっていることにも気がつく。

僕も時々、物事が腑に落ちる瞬間を味わうことがある。今まで何となくは頭で理解できていたことが、全細胞で理解できる瞬間という感じか。頭で考えるのではなくて、そのこと自体の全体像がスーッと体の中に入ってくるような瞬間。そういうことを経て身についた情報は、次に他の人に話す時に全然違った感じで語れる。その経験を他の人に伝えれば理解してくれることは十分わかっているから、何の工夫も要らないのだ。あったこと、感じたことをただありのままに話せばよい。

どの分野でもいえることなのだが、世界的に見てトップ・レベルの方というのは人間的にはごく普通に感じられる方が多い。普通なのに、話すとどこか突き抜けちゃった感がある。

そして、あまり難しいことを言わずにその気にさせてくれるものなのだ。それは、その方が話す内容が「腑に落ちている」からだと思う。

第6章

ビジネス・スピリットの創造

人生の目的

大学を出る時にはやっぱり安定した生活がいいのかなと思い、両親もそういう考えだったと思われたこともあり会社員の道を選んだけど、続けるのは10年くらいが限界だったように思う。

会社員になるということは、
「あなたの人生の目的は捨てなさい」
「そのかわり安定した人生を送れますし、社会的名誉も得られますよ」
という約束に同意したってことなんだよね。

自分の人生の目的は何なのか。これは若い時からずっと考えてはいたけど、なかなか答えは見つからなかった。そして、人生の目的がわからないのに、どんな仕事（職種）がしたいのか？　という問いに答えるのはもっと難しかった。

医者になりたいのか？　どんな分野の技術者になりたいのか？　看護師になりたいのか？

薬剤師をしたいのか？　ＴＶ局のＡＤをしたいのか？　といった職種に関する問いにはすごく答えづらいと思う。やってみなければわからないとしか答えられない。

うちの家系は代々医者だったから本当は医者にならなくてはいけなかったんだけど、僕は血を見ると卒倒するタイプだったし、勉強するのは嫌いなほうではなかったけれど、いろいろ考えるならばメカニカルなことに頭を使いたいと思っていた。だから早々に諦めたけど、今思えばそれも一つの選択肢だったのかもしれない。今なら外科医とかも素敵だったかもしれないと思うし、手先は器用だからできたのかもしれない。

ただ、目的意識がなかったから難しいことのほうが目の前に立ちはだかってしまって、ちゃんとその目的に向き合うことができなかったんだよね。

本当は若い時に考えなくてはいけなかったのは、何の職種になるかではなくて、人生の目的は何かだったように思う。それが見えてきたのは自分で会社をするようになって10年くらい経ってからかな。職種を選ぶんじゃなくて、人に感動を与える芸術家を目指したいのか、世界を驚かす事業家になりたいのか、ボランティアで人を助けたいのか、公務員になって国家に貢献したいのか、世の中を変える政治家になりたいのか、とかの人生の目的をもっと早く探すべきだったんだよね。

だけど日本では若い時に「社長になりたい！」って言ったら、だいたいバカにされるのが落ちでしょう？　「そんなバカなこと言ってないで、どんな職種に就きたいのか考えなさい！」って言われるでしょう？　でも今思うと、もっと早く人生の目的に気づくべきだったって後悔している。

社長になりたいなら、35歳くらいで会社を辞めるべきだった。社員はいくら長期間働いて、いい実績を残したってほとんどの場合、社長にはなれない。仮にずっと会社員をしてその最後に子会社の雇われ社長になれたとしても、それは本当の社長ではないと思う。組織のリーダーになっただけで、自力で社長をするのとは意味が違う。

外国人を見ていると、仕事に対する感覚がまるで違うように感じる。前にも言ったけど、外国人は「自分株式会社の社長さん」なんだなと感じる。どこかの企業に所属していたとしても、それはその人の一つの武器にすぎなくて、大事なのは「自分株式会社」なんだよね。だから、所属する会社にこだわらずに個人的なお付き合いをベースに社会で活動している。

一方、日本人の働き方は、会社のお殿様のために尽力する奉公人になるって感じだろう。就職の時にはどの藩（どの企業）を選ぶかが一生のうちで一番重要なことになっている。人生の目的はどの藩のために働くかってところなのかな？

日本では人生の目的を考えるのは二の次で、地に足がついた職種を選ぶのが必要だといわれている気がする。そういう考えで会社員をスタートするのはいいし、最初はそういう考えでスタートしてだんだんに人生の目的を探すのでもいいとは思うけど、ずーっとその職種をまっとうするだけというのは違うように思っている。やっぱり人生の目的を探すことが必要でしょう。何を人生で実現するのか、ということが。

同じように、会社にもその目的を定めたビジネス・スピリットが重要なのだ。それなしでは会社全体が一つの目標を持ってまとまって行動をすることもできないし、市場の変化に合わせてビジネスのやり方を変えていくこともできない。これはすごく大事なことなのだが、これまでそうした経験がないせいか、日本ではあまり表立って論じられることがないように感じる。

2000年という分岐点

僕は本当にいい時代を生きさせてもらったなと思っている。

戦後10年ほどして生まれ、若い頃に日本の高度成長期を経験させてもらった。学生時代や会社に入った頃などは、まだ日本はがむしゃらに頑張っていた感じだったから、あれはしてはいけないとか、これはしてはいけないとか言われることはほとんどなかった。金銭的にゆとりがあったというわけではなかったと思うが、みんな夢があったし、将来に不安などなかったと思う。大きな会社に入って頑張れば安泰だと思っていた。

2000年頃まではソニーやホンダも頑張っていたし、もっと前は日本の家電や半導体産業も頑張っていて、家電品やメモリーなどの半導体分野など独占状態だったと思う。

ソニーの調子が悪く（世界を変えるような商品が出なく）なっていった時期と日本の調子が悪くなっていった時期はほぼ同じだと思う。たとえば、ソニーのテープ式のデジタルハンディカム（携帯型デジタルビデオカメラ）が世界中で愛用されていた時期が最後の栄光だったように思う。それ以降はメカ製品が終焉を迎え、高度な半導体による機器にとって代わられていった。

そうなると、もう製品を日本で生産する意味はなくなってしまった。半導体を生産する会社がコンシューマー製品の多くの機能を実現するようになり、製品自体は単にその半導体を組み合わせる仕事になってしまった。ＰＣなどの製品なら台湾が先陣を切っていたし、日本はどんどんジリ貧になっていった。ガラケーの時代はまだ頑張っていたが、スマホになってとどめを刺された。半導体が高集積化し高機能になってＰＣのほとんどの機能を半導体が担うようになったから、それ以外の部品はほとんどケースと電源だけになったといっても過言ではないかと思う。マザーボード以外、特にすごい機能はなく、そのマザーボードも内部はインテルの半導体ばかりになってしまった。

Apple のノートＰＣ（Mac）のＯＥＭ（Original Equipment Manufacturing ＝自社の製品の受託製造を請け負う会社）をソニーがしていたのはあまり知られていないかもしれない。一時期、ソニーでも生産していたのだ。スティーブ・ジョブズ氏がソニー・ファンだったことも影響しているのではないかと思うが、ノートＰＣならまだ日本の生産技術が優れているところもあったのだろう。だが、それもジリ貧になっていった。やはり日本全体では「カイゼン」で世界の中で伸びていっていたから、「カイゼン」では済まなくなってしまった時に、打つ手がなかったのだ。

イノベーションブームは「アリバイ工作」

日本がイノベーションという観点において出遅れているといわれるようになってからずいぶん時間が経っている。にもかかわらず、それの解決策と思われるようなやり方や具体的な行動が成功したという話を一向に聞いたことがない。昨今いわれているイノベーションブームは、果たして真にイノベーションを起こすような活動になっているだろうか？　単に「新しいビジネスを掘り起こしてますよ」という中身のないデモンストレーション（つまりはアリバイ工作）のようにしか思えない。

だが、僕はそれは当たり前だと思う。

だって、それを考える人たちが旧態依然とした土俵の上から一歩も出ようとしないで考えているのだから。新しい土俵が欲しいと言っているのに古い土俵の上で考えている。そういう観点では、日本はもう一度、ビジネスのうえで戦後の焼け野原状態になったほうがいいのだと思う。何もかもなくしてその代わり何も制限もないまったくの白紙の状態にして、そこからすべてを考え出すようにすれば新しいビジネスの考え方も生まれるのだろう。

もちろん、僕だってそんなことは今の日本で現実にはできないことはわかっているし、したくもないが、頭の中だけでもそういう状態にして考え直す必要があるのだと思う。そういった先を読む考え方は、残念だが現状の日本ではかなり難しい。第5章でも書いたように、日本の企業は基本的な考え方が「帰納法」であり、経験に基づかないと思考できないからだ。

根底から意識を改革するために今日本が何をすべきかと考えると、先を読んだ考え方ができる小さなソニーのような柔軟な考え方の会社をどんどん起業することだと思う。

いきなり今いる会社を辞めて会社を立ち上げるということでなくても、いずれはそうするにしても、まずその下準備を入念にするべきだ。今の仕事をしながらできることからやってみるのがよい。そのための仲間を作ってどんどんブレストしたり、アルバイト的に仕事してみるのもいいと思う。

たとえば、僕がこの本を書いているのだってそうだ。これは僕の本業ではない。だから今までなかなか実現しなかった。以前から本を書いて今までの経験を伝えたいという気持ちはあったのだが、なかなか勇気が出なくて実現しなかった。だが、勇気を振り絞ってやり始めてみたら、意外にすんなり実現できた。

大事なのは、とにかく一歩踏み出してみることだ。始める前に〝あーだこーだ〟とネガティブな議論をするのはよくない。最初はどんなに稚拙でも、やると決めて事にかかればだんだんに成長していくものだ。創造的な発想はネガティブな頭からは決して生まれない。

日本は、一番大事なことを避けている

今になって思い返せば、僕は仕事でも何でも納得できないと前に進めないし、疑問があれば素直に口にする。人はそれぞれ考えていることが違うものだから、話が深いところまで進めば衝突することがあって当たり前だ。

僕は自分に素直にしていないとダメで、無理やり自分をおさえ込むことができないわがままな人なのだ。

それにしても不思議に思うのだが、最近、新規事業の話をしていても話が噛み合わないことが多い。「木を見て森を見ず」の人がすごく多くなったのではないかと思う。木を見ている人と森を見ている人は根本的に話が合わないのだ。特に日本では森を見ていない人が多いような気がする。ないしは森の話をするのを意図的に避けているようにも感じる。

組織に所属していると、森を見ることはあまり求められないし、森を見て疑問を呈したりすると逆に変な奴だと思われたりするからなのかもしれない。大枠の話はせずに細かいところに突っ込みを入れるように訓練されているのか。そういった感じで話が合わなくて僕が困っていると助け舟を出してくれる人がたまにいる。そういう人は木の話と森の話の両方が見えているのだ。そういう人とは長いお付き合いをしたくなる。

最近、中国の人と話す機会が多い。起業家と投資家さんが組んで中国でロボットのベンチャー企業を設立するから手伝ってくれないかと問われる。当然、どんなロボットが欲しいのかという話になる。もちろん彼らはロボットの専門家ではないから、最初はトンチンカンな話も多いのだけど、話していくうちにどんどんまともになっていく。物事を、マクロな視点からだんだんにミクロな視点に落とし込んでいくというプロセスがちゃんとわかっているのだ。僕は日本で話していて、そういう経験をしたことがないように思う。外国人とそういう経験を持つと、このまま日本で仕事していていいのかなーと心配になってくる。

なんでなんだろう？

日本では、一番大事なことをきちんと議論するのを避けているように感じるのだ。

「世界一レベル」が僕を変えた

話は変わるが、僕はラジコン・ヘリには随分のめり込んでやっていた。ラジコン技術誌に2年くらい記事を書いていたくらいだ。

10年くらいやったかな？　お金的には500万円以上は使ったと思う。だが、それ以上にラジコン・ヘリには本当にいろいろなことを教わったと思っている。

・メカ構造

・組み立ての仕方

・メンテナンスの技術
・サーボ技術
・操縦技術
・人間関係（師弟関係）
・世界一レベルの人たちとの交流
・お金の使い方

など、挙げればきりがない。僕の仕事（ロボット）と人生にすごく役に立っている。

僕のロボットに関するメカ的なノウハウの多くはラジコン・ヘリから得たといってもいいと思うし、お金の使い方や人間関係もいろいろ教わった。

当時は今のようにeスポーツという概念がなかったから、スポーツをしているという感覚はなかったけど、時間とお金を使って頂点を目指そうとしていたのは間違いなかった。ラジコンにも日本大会や世界大会があることはあまり知られていないかもしれないが、僕は日本大会に出られないかな？　と思って、関東地区予選に出ていた。最高位で22位だったと思う。15人くらいが本選に出られたのでもう少しだったんだけど、残念ながら届きませんでした。

まあ、もともと運動神経がいいほうではなかったから頑張ったほうだと思う。

でもそれだけ頑張っていたから、地元のラジコン・クラブでは断トツのフライヤーだったし、自分のノウハウを人に教えて差し上げるのも好きだったので、飛行クラブの幹部的なことはやらせていただいていた。僕も多くの素敵な人たちにノウハウを教わって自分に腕と技術を身につけたからそれを他の人に教えるのは当然のことと思っていた。やっぱり、うまい人が一人いるとそのクラブは発展する。ラジコン・ヘリの場合、操縦技術もあるけど、機体の調整の仕方、エンジンの調整の仕方、壊れない組み立て方などノウハウが山ほどあったから、僕に適していたというのもあると思う。

ラジコン・ヘリはどうしても墜落することがある。機体のメカが壊れることもあるし、操縦ミスもある。僕が飛ばしていた機体は重量が5キロ以上あったから、それが墜落するとえらいことになる。同じ墜落でも上空から真っ逆さまと、かろうじて軟着陸では壊れ方に大差があるから、なるべく壊れないようにそっと着陸させるように頑張るのだけれど、ダメな時はダメで地面と衝突するとえらい目に遭う。ひどい時はどろどろの地面や川の中、海の中なんてこともあるから、回収できるかどうかさえ怪しい。最悪全損だし、軽く地面にあたってもローターは大破だし、多くのパーツが壊れる。そうなると最低でも数万円、ひどいと10万円、20万円が修理にかかる時もある。涙なしには語れない状態だ。だが、そこで中途半端に修理すると再度同じところが破損したりするし、安物の部品を使うともっとひどい壊れ方をすることもある。「修理代をけちるな!」というのがそれらで教わったことだった。

一生懸命やっていたので、ラジコン技術誌の編集長とも仲よくなり、記事を書くことにもなった。ラジコン・ヘリのノウハウをラジコン技術誌で書いていたのだから、技術はそれなりに認められていたといってもいいでしょう。残念ながら操縦技術は世界一レベルまでは行けなかったけどね。

そのおかげで、ラジコン機器のメーカーさんや世界大会のチャンピオンさんとも知り合いになれたし、僕はラジコン機器も最高級の物を無償でいただけていたし、飛行に必要な燃料(アルコールとニトロメタンと潤滑油を混ぜたもの)も無償提供していただいていた。業界内でも知られた存在だったといってもいいと思う。

ラジコン・ヘリの初心者の人にもいろいろ教えて差し上げていた。初心者の人の機体は組み立ても心配だったし、調整がまったくダメなのでそれを全部見てあげて、スイスイ飛ぶところを見せてあげると皆さん本当に驚いて喜んでくれたもんだった。だいたい初心者は飛ばせないのは機体が悪いんだと考えがちなんだけど、実際はそうではなくて調整が悪いのと腕が悪いだけなんだということに気がつかせてあげると、あとは練習するしかないということにも納得してもらえる。そういうふうに初心者の人を目覚めさせるのは僕は得意だったようだ。ずいぶん多くの人に感謝されたよ。あちこちの飛行クラブを訪問させてもらったりもして歓迎されるのも楽しかった。

一方で、僕自身は世界チャンピオンレベルの方々にいろいろ教わっていた。特に刺激を受けたのは、泉水和幸氏と土橋幸広氏（＊12）だった。このお二人は本当に素敵な方で、いろんなノウハウを惜しげもなく教えてくれて、後進の育成に熱心だった。その人柄にも惚れたって感じ。

僕はソニーやラジコンなどの分野で「世界一レベル」というのがどういうものか体感してきたから、「世界一レベル」の人たちとその下の人たちの差を実感してきた。世界一レベルの人たちはどこか突き抜けちゃった感があり、あまり難しいことを言わずにその気にさせてくれるのだ。

そういう感じは、どこの業界でも同じだと思う。だから、何かを教わるなら絶対に世界一レベルの人に教わるべきだと思っている。世界一レベルの人とそうでない人では、人間性と教える観点がどこか違うのだ。

僕はロボットの業界で生きていきたいなーと思っているし、そのノウハウを生かして日本の産業の発展に貢献したいなーとも考えている。もちろん、会社を成功させたいというのもあるのだけれど、もう一つ皆が技術を競い合えて助け合える環境を作りたいなーとも思っている。

具体的にどうすればよいのか思案中だけど、このようにポジティブに考えられるようになったのも、世界一の人たちとふれあえた経験が関係しているのかもしれない。僕にとっては世界一の人たちが引き金になったけど、皆さんは自身のトリガーを見つければいいと思う。

「未来思考」に頭を切り替える

さて、ここまで皆さんに僕のいろいろな体験や考えていることを読んでいただいた。第6章までおつきあいくださったということは、それなりに共感していただけていると思っている。

今、日本はすごく難しい方向にどんどん行ってしまっている。それを少しずつでも変えていきたいと僕は考えている。

では、何が日本をマイナス思考にしてしまっているのだろう？　たった30～50年ほど昔の日本は夢のある国だったと思う。個人的なことにしろ社会的なことにしろ、皆が活気にあふれていたのではないだろうか。

活気がなくなってしまった直接的な要因（事件）はいくつかあるのだろうが、終わってしまったことを掘り起こしてもしょうがない。それより、どうやって現状を打破するかのほうが重要だ。

皆さんに僕からぜひお願いしたいことがある。とにかく今一番重要だと思うのは、「未来思考」に頭を切り替えてほしいということだ。個人個人が未来思考に頭が切り替わっていけば、だんだんに社会全体も「未来思考」に頭が切り替わっていくだろう。そうすれば、夢や創造性がずっと育まれやすくなる。まずは、どうしたら楽しいことが起こり、どうしたら社会がよりよい方向に向かっていくのかを考えていけば、未来に続く道がだんだんに開けていくだろう。

社会全体がポジティブ思考になるためには、思考のちょっとした切り替えが必要なのだが、それは決して難しいことではない。まずは社会全体の成功を目指す人が増えること、そしてそれを実践する人たちを称えるシステムを創り、皆さんがリスクのある仕事でも気軽にチャレンジできるように提言し続けていけばいい。それを可能にするには、自分自身の芯となるビジネス・スピリットを考えること、見つけること。そして、会社に勤めていても自立して、「自分株式会社の社長さん」になっていただきたい。

個人個人が自立した存在になることで、社会全体に漂っているマイナス思考を払拭して、日本に再び活気を取り戻すことができると考えている。

「自分株式会社の社長」になる

今の世の中、勤めている会社がいつ潰れるかわからないし、やる気の出ない会社にいても将来は暗澹たるものになるだけだ。だが、いつだって独立できるぞ、という準備をしておけば、心おきなく会社の中で暴れられるはずだ。

会社でリスクを取ってチャレンジして、成功すればそのまま出世コースに乗る——そういう生き方もいいし、もし失敗しても別の道を歩むなり、再度挑戦するなりすればよい。とにかく、会社は自分の能力を社会に知らしめるための武器の一つだと思ってやってみてほしい(今になって思い出せば、ソニーの盛田会長は同じようなことをおっしゃっていた。会社が自分にとって役に立たないと思うなら早くやめなさいと)。

会社に庇護されているという守りの立ち位置から攻めに転じるには、自分の所属する会社などの組織とは関係なく、社会で独り立ちするための準備を始めるべきだ。自分の人生の目的は何かを考えて、それを実現し社会に知らしめるために、「自分の人生の目的＝自分のビジネス・スピリット」を定める必要がある。

その目的意識をしっかり持って日々の仕事にあたるのとそうでないのとでは、長い年月という観点から見れば大きな差が生じる。早く会社という組織から自由になって、自分のビジネス・スピリットに沿った人生を送れるようになってほしい。

僕のビジネス・スピリットは、「世の中にない商品を創造して、皆に使ってもらえるようにすること」だということが、最近になってやっとわかってきた。その結果として会社を成功させたいし、その環境として皆が協力し合ったり意見を戦わせたりする場所も創りたいと思っている。だから、単に商売を成功させて金持ちになりたいということではない。

このことにもっと早く気づくべきだった。

ビジネス・スピリットは一つでなくてもいいし、いくつかの段階があってもいい。

僕の究極のビジネス・スピリットは「世の中にない商品を創造して、皆に使ってもらえるようにすること」なのだが、その前の段階のビジネス・スピリットとしては「社長になっていろいろ経験してビジネスを創造する」というものだった。究極のビジネス・スピリットを実現するためには避けて通れない道だったし、過程の一つでもあったから。

考えてみると、僕の今までのいろいろな経験は自分のビジネス・スピリットをハッキリさせるために必要な道のりだったように感じる。僕は、このことに気づくのに遠回りをしてしまったから、皆さんにはなるべく早く自分のビジネス・スピリットに気づいてほしいと願う。

皆さんが「自分株式会社の社長さん」への道を拓いたら、次は社会をどう変えていくかだ。

何が日本の元気をなくしているのか

今、世界では余った富を使い、次の富を生み出すための新規事業が盛んに行われている。だが、多くの日本人にとってそうしたビジネスは縁遠い存在だ。今の日本の元気をなくしているものの正体は、その世界標準の波が日本に流れ込んでこないからではないか。日本にそういうお金が巡ってきていないから、世界から取り残されているのだ。

巨額の富を循環させることを積極的にやっているのは、ソフトバンク社の孫正義さんぐらいだろう。

日本の大企業は海外に投資しているじゃないかと反論があるかもしれないが、大方はお付き合い程度のものでしかないだろう。リスクを取って大胆に行動しているのは……やはり、孫さんぐらいではないか？

ソフトバンク社のような大きな金額ではないにしても、その分野にもっと多くの日本人が関わっていくべきだ。それも投資家という立場ばかりではなく、エンジニア兼起業家として。

今までの日本では、ほとんどそうした事例が見受けられない。

以降、どのように世界標準を実現していけばいいのか、その方法を考えていきたい。

シリコンバレーをただ訪問しても意味はない

僕は、シリコンバレーにはソニー時代にも何度も行っているし、自分の会社を立ち上げてからも数回行っている。Google 本社内にも入れてもらったし、Apple の本社内に入ったこともある。

日本の大企業と比べて違うと感じるのは、建物が低層のビルであることが多いことだ。全体にオープンなつくりで、中庭がすごく広かったり廊下なども余裕のあるつくりになっていて、リラックスするための遊び場的な場所も多いので、すごく居心地がいい。つまり、人間の居心地を考えて開発効率を上げようという意図を感じられる。

一般的な日本企業の開発環境しか知らなかったら、びっくりしてしまうだろう。そんな環境と日本の開発環境を比べたら、正直比べるだけバカバカしくて、移住したくなっちゃう感じだ。

一方で、最近のイノベーションブームで、シリコンバレーの会社を見学に行く日本企業が多いと聞くが、そういううわべの素晴らしさに気をとられてはいけないと思う。

シリコンバレーと一口で言うけれど、大雑把にいうとサンフランシスコからサンノゼあたりの広い範囲が含まれるので、日本でいうなら関東一円より少し狭いくらいの広さがある。そういう広いエリアに多くの街があり（パロアルトとか、マウンテンビューとか、クパチーノとか）、そこにいろいろな会社が点在している。しかも、ちょっと行けば鹿がいるような辺鄙な場所でもあるのだ。一部には治安の面で危険なエリアもあるそうだ。

言いたいのは、シリコンバレーという場所自体を見に行ってもほとんど意味がないということ。ただの平野ですごく広いし、特に目を引くビルとかタワーとか工場があるわけでもない。ごく普通のビルが建っているだけだ。東京タワーや渋谷や秋葉原を観光するのとはわけが違う。

シリコンバレーがすごいところは、その中で行われているディスカッションの質。TiEという組織と、それが行うインキュベーションイベントの話は前述したが、そういう集まりこそが、シリコンバレーをシリコンバレーたらしめているということなのだ。

だから、シリコンバレーの会社を表敬訪問してもあまり意味はない。実態を理解せずに日本的な感覚で調査のために会社巡りをしようとするから、そういう日本人は変な目で見られてしまう。
シリコンバレーをあこがれの場所として見るのではなく、自分たちでシリコンバレーに匹敵するような日本発のビジネスを発信できる機能を創り出す必要があるのだ。

シリコンバレーと下北沢

シリコンバレーと下北沢を列記することに違和感を抱く読者もいらっしゃるとは思うが、この二つの街には共通点があって、僕はそれぞれが米国と日本のよさを表す街だと思っている。シリコンバレーと比較するなら、もっとほかの街のほうがふさわしいのでは？　と考える人のほうが大多数だと思うが、たとえば昨今の秋葉原や渋谷の開発を見ていると、どんどん街の魅力（個性）を壊しているようにしか感じられない。駅の周りにビルをどんどん建てて再開発しようと声をあげているようだが、単に建設会社が儲かるための開発をしているだけで、街としての魅力が増したとは僕には思えない。

それに比べると、下北沢は昔ながらのごちゃごちゃした佇まいが残っていて、お店もさまざまなタイプがあって、街歩きをしながらいろいろな文化を味わえる街だ。下北沢は「タイムアウトグローバルが選ぶ、世界のクールな地区10選」で2位になったそうで、これはある意味、人を惹きつける力とはなにかを問いかけるヒントでもある。下北沢に限らず魅力を感じる街というは、利益最優先で形成されていくのではなく、人が楽しんだり求められたものに応えていく文化が育まれた（創造された）場所だと思う。

文化の創造――これは昔のソニーがしていたように、「選択と集中」といった整理された考え方とは真逆の、混沌としたやり方の中から生まれるものだ。下北沢のいい所は「狭い」「小さい」、そして「混沌」だろう。

これからの日本のイノベーションに必要なのは、その「混沌」を許容できる度量の大きさだ。うわべを綺麗にとりつくろったビル群からは、素敵なイノベーションは生まれないだろう。

「狭い」「小さい」、そして「混沌」は、日本文化の特徴のほんの一部である。それら日本独自の感覚や感性から生まれる日本文化の素晴らしさを伝えられる製品を開発することができるなら、それが世界との差別化をする大事な要素になるだろう。

日用品（化粧品、コスメ）などの日本製品でも品質のよさは世界で認められている。中国なども含む世界中から、できるなら品質のいい日本製の製品を買いたいと言われている。それは日本文化に根差した高い品質意識が認められているからだ。そういう日本のいい面を生かしていくやり方をしなくてはいけない。「他の国が5Gの開発をしているから日本は6Gをやりましょう」という短絡的な発想ではいけない。新しい何かを生み出すために、原点に立ち返って新しい創造をしなくてはならない。

米国がシリコンバレー発のイノベーションの力を武器に世界で戦っているなら、日本は複雑で混沌とした環境の中から生まれる、日本的なきめ細かな製品づくりを武器に世界と戦うべきなのだと僕は考えている。

職人文化をどうやって日本の発展につなげるか

日本が戦後に発展した大きな要因の一つに、「神は細部に宿る」の実践があった。それは言い換えれば、日本の職人文化をビジネスに生かしてきたということになる。日本が世界に誇ってきた強みは、今後も日本の発展には欠かせないことなのだと僕は考えている。問題は、以前は日本の強みを生かせていた製品の多くが、今の日本では生産できなくなってしまったことにある。他国に比べて生産コストが合わなくなってしまったから。

では、その素晴らしい文化である「職人の魂：神は細部に宿る」を生かす方法はないのだろうか？


それを今、生かせている分野はいくつかあると思う。一つがアニメやフィギュアなどのサブカルチャー系だろう。狭いスタジオで多くのアーティストさんが黙々と制作に励んでいる光景などは、ＴＶなどでも紹介されているのでなじみが深い。他にも、部品や化学素材などのビジネスは日本らしい細かな作り込みが功を奏し、世界でビジネスが成立している分野だろう。

もちろん、ロボットや自動車などの精密なメカトロ系ビジネスもある。

それらの分野に共通している点は、一つは複数の要素を組み合わせたハイブリッドな製品であること、もう一つは日本の素晴らしい文化である「職人の魂：神は細部に宿る」を他国との差別化に生かせていることだ。その二つが組み合わさった時に、日本が他国より優位に立てる可能性が高いと考える。

世界に羽ばたく方法

今、日本でうまくいっているビジネスを見習い、次の有望なビジネスの種を蒔くには、僕らは何に取り組んでいけばいいのだろう？

いろいろ考えられると思うが、僕が考えていることの一つは、

「日本のきめ細かな設計ノウハウを、世界のために生かす」

ということ。

残念ながら、単純な要素から成り立っている一般的製品を日本で量産するという選択で成功させるのは、今となってはほとんど不可能といえる（一般的には日本での量産はコストが合わない）。だが、前記のような成功している日本製品（ハイブリッドな要素を持ち、設計に職人技を必要とする）の品質は世界で認められているし、それを生み出した日本の設計ノウハウも高く評価されている。

そういった日本独自の製品づくりのノウハウを生かして、世界の工場と呼ばれるような場所で日本製品に近い品質の製品を生産できるなら、ビジネスが広がっていく可能性があると考えている。

実際、僕はロボットに関して上海の人たちから招待を受けている。中国ではそういった製品の高品質な設計が難しいからと聞いている。こちらから設計のノウハウや技術を提供する代わりに海外で設立する会社の株を一部持たせてもらい、その会社が成功すれば僕自身にも利益が入ってくるという構図だ。

一般的な日本企業の海外進出の手法としては、日本ですでに成功している会社が、生産コストが安い中国やアジアの各国などで製品を生産するというのが、今までの標準的なやり方だったと考えられる。要するに「低コストな現地生産をさせてやるぜ！」という上から目線での海外進出だったといえるだろう。

今後はそうではなくて、日本で技術やノウハウを持った人たち（エンジニア）が、アジアなどの現地の人と共同で会社を設立し、運営して、世界市場での成功を目指すという、共同で頑張るというやり方になっていくと僕は考えている。

今までも日本のエンジニアが海外に渡って技術を提供するということは多々あったし、それで海外の技術レベルが上がったという事実は大いにあったと思う。着目すべきは、海外でその腕を発揮したエンジニアたちが働く会社の株を持っていたかどうかだ。多くの場合、持っていなかったのではないだろうか。持っていなかったとしたら日本人エンジニアは給料程度の報酬しかもらっていないわけで、単なる技術の漏洩と嘆くこともできる。上から目線で使われているということだから。

そうではなくて、日本人も海外の会社に株主として加わって世界を相手に運営していけば、その会社が成功することで日本人にも世界の富の一部が回ってくることになる（今までも米国では普通に行われていることではあるが、今後は世界の工場があるアジアでも行われるようになると考える）。

会社がどこにあるか、会社は何処の資金で運営されるかなんてことはどうでもいい。重要なのは、日本が技術を提供して給料をもらうのではなく、その会社の株を日本人が持って、対等に経営に参加しているかどうかだ。

つまり、日本の技術やノウハウを正当な付加価値をつけて輸出する段階に来たのだと考えているのだ。今なら、まだ技術を持ったエンジニアもたくさんいるし、幸いなことに日本の部品ベンダーさんや化学素材ベンダーさんは世界レベルで頑張ってくれているから、それをどう使い、どういう新しい製品を生み出していくかのアイデアは、日本で考えるのが一番やりやすいだろう。

Appleなどの巨大企業は、すべて自力で開発してしまうから日本で開発することはないだろうが、それほど大きな会社でなくても、グローバルにビジネスをしようとしているアジアの会社は山ほどある。そういった会社に対して“Design in Japan”は重要な差別化の武器になるのだ。そういうことも、僕は中国の方々から聞かされた。日本では思いもしなかったことだ。

そういったやり方を大企業は今までもしてこなかったし、今後もしないだろう。なぜなら、自分たちの持つノウハウを他国に開示するという声に対する抵抗勢力が社内に必ずいるから。だが、僕や皆さんのように組織に縛られていない人間なら何も問題はない。うまくいかなくてもダメもとだし、うまくいったらしめたもの。これからは大企業ではない私たち個人が主役になるのだと考えている。

東京（首都圏）を世界の開発ラボにしよう！

付加価値の高い"Design in Japan"を実践する場所という観点で見ると、東京（首都圏、あるいは地方でも都市部。可能性の高さからいって、以下「東京」という表現で包括させていただく）というところは世界の中でも特異で素晴らしい場所のように思えてくる。多くの会社が集まっていて、たいていのことは身近なエリアの中で完結できてしまう。交通も便利で、社会的な安定性もあるし、セキュリティーの面でも世界一だと思う。

女性が深夜に一人で歩いていても問題のない場所が世界にどれだけあるか。さらに、そこが下北沢のような独特の文化を持ったところであればなおよい。

芸能の世界では、ニューヨークやロンドンがそういう場所になっている。とても素敵な場所だ。だが、東京は芸能だけではなく、技術やコンシューマー・マーケット、イベントなども含んでそういうハブになれる可能性があると思うのだ。東京にはいろいろな技術を持った優秀な中小企業がたくさんあるし、ハイブリッドな要素で職人気質な製品開発をするにはとても便利なところだと思う。エンジニアのコストも比較的安い。シリコンバレーとは異なるよさを生み出せる可能性があると考える（市場としてみると、いろんな規制が多いのが難点ではあるが、設計するだけなら特に問題はないだろう）。

そういった場所で、設計した製品を世界の工場と呼ばれる場所で生産できれば、トータルで見れば開発コストもリーズナブルな範囲で収まるだろう。そのための資金は日本で集める必要はない。日本の保守的な大企業に協賛してもらう必要もない。海外のお金を使い、広い市場を相手にビジネスを考えている企業と日本の優秀な部品ベンダーなどの企業を利用して、新しい製品を創造することを考えられる。

要するに、東京という街を開発ラボとして利用し、世界市場を相手にしたグローバルなマインドをもってビジネスにあたるということだ。何も技術系の仕事だけに限ったことではない。アニメなどのカルチャー系の仕事でも、高品質な日用品でも同じことだ。そう考えていくと、すでにそうしたやり方を実践している会社があるように感じられる。こうして読み進めている皆さんも、すでにいくつかの会社を思い浮かべているのではないか。

目的意識をもって、東京をいろいろな技術・文化が複雑に絡み合った複合都市に変えていくのがよい。そのためには、東京全体を下北沢のような混沌とした活気のある街にしていくべきだ。決して、渋谷のような高層ビル・ビジネスのための都市開発を増やしてはいけない。綺麗にとりつくろった街からは創造の種は生まれないから。

そして、その東京を世界の開発ラボとしてうまく利用することができた日本人こそが、これからは世界で通用する日本人になるのだと思う。世界に対し、新しい日本の価値を生み出すこと。こうしたことが循環していくことで、日本にも世界の富の一部が回ってくるようになり、日本がポジティブで元気な国に生まれ変わっていくように思う。僕も、その先陣の一人でいたいと考えている。

カギは「ビジネス・スピリット」の定義

ビジネスが単純な「カイゼン」では済まなくなってしまった時に、ビジネス・スピリットをうまく変更できた企業は、その後、うまく経営している。たとえば、日本では富士フイルムやキヤノンなどがそれにあたるのではないだろうか。

富士フイルムはもともと写真のフィルム・メーカーだったのに、写真を現像するために確立した微粒子制御技術を、大胆にもスキンケア化粧品のコラーゲン制御に応用するなどして、今では総合化学企業として生まれ変わったといってもいいだろう。化粧品やら医薬品までやっていてどれもうまくいっているようだ。

時代に合わせてビジネス・スピリットが自然に変更できた例も多々あるが、うまくいかずに苦労している例もたくさんある。ニコンがその一つだろう。もともとは（今でも）カメラ会社であったわけで、そのビジネス・スピリットは「美しい写真が撮れる機材を提供する」だったはずだ。ニコンはその分野では世界でもトップ・クラスの会社であった。

ところが、写真もカメラもデジタル化され、さらに時代が進んでカメラよりスマホでの撮影が当たり前の世の中になった。カメラ自体の需要が下がってしまうのも自然の流れだったのだから、その時点で大至急ビジネス・スピリットを変更すべきだったのが、軌道修正が遅れてしまった感があった。

ニコンの場合はあまりにもカメラでの名声が高かったので、ビジネス・スピリットの修正が難しかったのかもしれない。

同業だったキヤノンは、今では総合ＩＴ企業といってもよいのではないだろうか。カメラばかりではなく、ＯＡ機器、情報機器などの分野に着手して成功している。これはビジネス・モデルの変更というレベルの話ではなく、ビジネス・スピリットを時代の潮流に合わせてうまく変更した好例だ。最近では、東芝の医療機器部門も手中に収めて同業のオリンパスと覇権を争っている。ビジネス・スピリットを変えていくというのはものすごく大変なことで、経営陣はよく実現できたなと敬服する。

さて、キヤノンの今のビジネス・スピリットは何であろうか？　いろいろな見方があるだろうが、僕は「画像を中心とするデジタルデータを記録し、処理し、人にわかりやすい形で提供する」ことではないだろうかと考えている。カメラ画像からスタートし、情報機器や医療機器にも範囲を広げられるビジネス・スピリットを考え出しているのだと思う。

海外に目を向けるとどうだろう？　HP（ヒューレット・パッカード）社がその一つ。HP社は、その昔は計測器のメーカーだったことをご存じない方は多いのではないだろうか。大変身してPCなどのIT製品で成功した会社といってもいいだろう。

僕は計測器メーカーとしてのHP社を尊敬していたから、ビジネス・スピリットを変更して本当に大丈夫だろうかと心配したほうだったが。

Amazonはもちろん物流で世界一の座を得ているのも驚きだが、ネット上の各種のデータを蓄積するためのサーバー事業でも世界一なのは一般にあまり知られていないかもしれない。世界の情報の多くがAmazonに握られているといっても過言ではない状況だ。これも驚くべきビジネス・スピリットの変容だと思う。物流とサーバー事業は、日本人の感覚からいえばまったく分野が違うビジネスであるが、そのどちらも成功させている。おそらく、ジェフ・ベゾス氏の頭の中ではそれを両立させるビジネス・スピリットが確立しているのだろう。

逆に、うまくビジネス・スピリットを変更できずに滅んだ企業も多々あった。代表格がフィルム・メーカーのコダック。富士フイルムとは対照的な道を歩んでしまった。他にもPCベンダーがたくさん滅んでいる。

序章でふれたホンダやトヨタなどは、ビジネス・スピリットが「快適な乗り物を世界に提供する」だったからずっとそのままでやってこれたのだ。快適な乗り物が車でなくても、飛行機でもロケットでもいいのだ。

それに対してソニーは、ビジネス・スピリットがはっきりしていなかった。さらにマーケットが家電だけでもなかったし、オーディオだけでもなかったし、TVだけでもなかった。昔のソニーのビジネス・スピリットは「世界にない斬新なIT製品を提供する」「世界一の開発環境を社内に設けて開発を加速する」だったのだろうが、残念だが、そのビジネス・スピリットは漠然としており、人によってかなり解釈が異なる可能性があった。また、どの市場にフォーカスすべきか考えが分かれていた。そして、多くのコンシューマーＩＴ製品の機能のほとんどが半導体に取り込まれ、自社の優位性を保つ開発要素がなくなってしまって先が見えにくくなり、従来のソニーのビジネス・スピリットは行き詰まったのだろう。

自社のビジネス・スピリットをどう定義するか、そしてそれが市場と合わなくなったらどう変更していくかが企業の死命を制する。

今、日本の多くの企業でビジネス・スピリットがうまく見えていないのだと思う。

それまで培ってきたビジネス・スピリットが時代に合わなくなり、変更をしなくてはいけない時代になっていても、それをどう修正してよいのかがわからないのだ。ビジネス・スピリットの変更にはかなりの勇気と努力が必要だと思う。その時点ではしないほうが無難なのかもしれない。だが、それをしなければいつか「茹でガエル」になって企業が滅んでしまうのも間違いないと思う。どちらを取るかだ。

それと同じように、今、日本という国もビジネス・スピリットが世界と合わなくなってきているのだ。戦後の繁栄期をずっと「カイゼン」で乗り切ってきた国にとって、そのビジネス・スピリットを変えるのは至難の業だ。

その点、シンガポールはすごくうまくやっている。「資源小国なので、世界のビジネスの英知が結集しやすい環境を提供する（たとえば企業の税金を安くする、英語を共通語にする）」がシンガポールのビジネス・スピリットなのだと思う。タクシーの運転手さんも英語を普通に話す。それがすごくうまくいっていて、世界の多くの企業の本社機能がシンガポールに集まってきているのは前にも述べたとおり。

インドもいまやソフトウェア開発では世界一の国になっているし、米国での新規事業立上げの多くがインド人によっているのも驚くべきことだ。まさに、国の新しいビジネス・スピリットを見事に立ち上げたいい例だろう。その陰には前述した「KSHITIJ」などの考え方が貢献しているのであろうことも見逃せない。

今、日本と日本の企業は大きなビジネス・スピリットの変更をしなくてはいけない時代を迎えている。たとえば、自動車産業や精密機器産業、ロボット産業、部品産業、化学素材などのすでに世界的価値を認められている日本の大企業は、今後もそのビジネスで世界で頑張っていけると思う。だが、それだけでは日本の存在感を世界に発信し続けていくのは難しいだろう。なぜなら、今世界ではどんどん新しいビジネス・スピリットが誕生しており、世の中の目はそちらに向けられつつあるからだ。そうした状況のもとで日本の存在感を高めていくためには、日本発のビジネス・スピリットを生み出す必要がある。

そのためには、新しい考え方を生み出せる新しいタイプの企業（小回りの利く小さなソニーのような会社）が日本にどんどん生まれてくるべきだ。そういう企業がどんどん現れてくれば、日本にも世界に向かって新しい時代を生み出せる人たちが増えていくだろう。

「自分株式会社の社長」7つのポイント

本書もいよいよ終盤にさしかかった。最後に「自分株式会社の社長さん」になるための心得をまとめさせていただこうと思う。要点は以下の7つ。

①面白いことは上司に黙ってやれ
②木を見て森も見る
③きちんと腑に落ちた情報を用いる
④知的財産（特許）は最強の武器になる

⑤ビジネス・スピリットを熟慮する
⑥最初から世界を相手にすることを考える
⑦競争するのではなく、独自の世界観を作る

それぞれ本書の中ですでに記載してある事柄ではあるけれど、確認の意味で要点を振り返ってみたい。

①面白いことは上司に黙ってやれ

創造というのは非常にナイーブな作業だ。そこに少しでもネガティブな考えの人が加わってしまうと一歩も前に進まなくなる（ネガティブなだけでなく無関心な人も排除することが重要だ）。まずはそのプロジェクトにポジティブな人だけで集まって、とにかく最初の一歩を進めてみるべきだ。

②木を見て森も見る

日本が戦後に発展した大きな要因の一つに〝神は細部に宿る〟の実践があったと

考える。細部まで丁寧に作り込むことで他との差別化を図るという意味だ。もちろん、それはとても大事なことなのだが、今の日本に欠けているのはそればかりを考えるあまり、物事をマクロに見ることの重要性を忘れていることだと思う。どんなに細部の詰めを行ってもそもそもマクロな視野で大事なことが欠けていたなら、すべてが水の泡だ。一番いい例が〝ガラケー〟だろう。どんなに優れた〝ガラケー〟を作ってもスマホに敵うはずがない。日本は戦後の発展期にマクロな視点を持つことを放棄してしまったのだ。なぜなら、ビジネスの肝となる最も重要な独創的な道筋は先進国である欧米がいくらでも提供してくれていたから、考える必要がなかったのだ。だが、今の世界は違っていて、マクロな視点で考えることも要求されている。その両立を図ってこそ、これからの日本らしいビジネスを考えることができる。その両立が実現すれば日本初の本当のイノベーションが生まれるだろう。

③きちんと腑に落ちた情報を用いる

今まで何となくは頭で理解できていたことが全細胞で理解できた瞬間、頭で考えるのではなくて、そのこと自体の全体像がスーッと体の中に入ってきた情報——。

腑に落ちた情報とはそういうものだ。何かを始める時、そういう腑に落ちた情報や感覚に従って動いたほうが間違いがない。他の人から聞きかじった話や頭で理解しただけの話に乗って行動すると大概は後で後悔する。腑に落ちた考えにのっとって行動すれば成功する確率は高いし、たとえその時はうまくいかなくても、長い目で見ればよかったと思えるものだ。

④知的財産（特許）は最強の武器になる

特許は、国内にいても世界を相手にできる唯一無二の権利だと思う。海外特許は多少お金はかかるが、日本にいるだけで世界を相手にする権利が手に入るのだから、ある意味では割安なのかもしれない。本書でも書いたように、コツをつかめばどの分野で特許を取れるかはだんだんに見えてくる。大事な特許を持っているということは、その分野でのオーソリティーであるということの証明書のようなものだ。市場開拓に関しても、協業に対しても資金調達に対しても有利に働くことは間違いがない。しかも、自身のその分野のビジネスに対する頭の整理にもなり、ビジネスの企画を考える時にも役に立つ。世界を相手に自分のビジネスに対する考えを整理するためのツールともいえる。

⑤ビジネス・スピリットを熟慮する

ビジネス・スピリットとは、会社などの組織がどうビジネスに取り組むべきかの根本となる「ビジネスの哲学」をシンプルに表現したもの。その組織がビジネスを成り立たせるための一番基本となる考え方、手法や分野を定義したもので、ビジネスを軌道に乗せるための魂（原動力）だ。いいビジネス・スピリットを創造するには、世の中に潜在的なニーズはあるが今の市場にはないか、あまり本格的に取り組んでいる組織がないビジネスを選ぶのがよい。ビジネス・スピリットを考え出す時は、世の中のしがらみや現在の技術レベルなどを考えすぎないほうがいい。それを考え始めると結局普通のことしかできなくなってしまうから。その目利きが重要だ。ビジネス・スピリットの選択が正しければ、その後の作業がグッとやりやすくなるはずだ。

⑥最初から世界を相手にすることを考える

残念だが、今の日本の市場はどんどん縮小する方向に向かっている。人口の減少ということもあるし、世界に対する日本の発信力が低下しているから、必然的に新しいビジネスを創造しようという意識もどんどん下がっている。そういう市場だけを相手にすることを考えていても、どんどんジリ貧になるだけだ。たとえ自分たちだけでは世界を相手にすることが難しくても、とにかくホームページやFacebookにだけでも世界を相手にする意思を明示しておくべきだ。そのうえで、特許のような世界を相手にするビジネスのための材料を用意しておけば、いつか海外の誰かの目に留まることがある。今の世の中は、昔と違って誰でも簡単に世界に向かって情報を発信できる。それを利用しない手はない。

⑦競争するのではなく、独自の世界観を作る

多くの人が知っていて、競争相手が多い市場を選んで参入するのは得策ではない。世界中の人が争っているようなビジネスで世界一になることは至難の業だ。そういう分野に入るなら、まったく別の考え方でビジネスに臨む必要がある。他の人がで

きない製品入手の方法であったり、豊富な資金を調達するとか物量作戦に訴えていくべきだ。そういう分野ではなく、自分しかしていないことを見つけ出して、他の人が真似できない特徴を創造することができれば、それで自分が世界一になれる。世界一になれれば、ビジネスでも世界とつながれる可能性が高まる。そのために特許を取るのもいい方法だと思う。「特許は取ろうと思えば取れる」というのが僕の知った大事な経験だ。ぜひ、そのやり方も実践してみてもらいたい。

あとがき

本書の中でも少しふれたけれども、今、僕は上海の投資家の方々から中国市場で一緒にロボット・ビジネスをしないかとお誘いを受けている。コロナのこともあり、中国ではよりロボットに対する関心が高まっているとのこと。しかも第一次ロボットブームともいうべきものが一段落した後であり、中国製のロボットは滑らかな動きや、外観のきれいさという点で技術的レベルが低いということが知れ渡ったとのことで、当社のロボットに関心を寄せてくれている。

僕も、僕の目指す市場は欧米にはなくアジアだなと思っていたし、新しい市場を開拓しようという意気込みに関していえば上海が一番だなーと思っていたから、ちょうどいいタイミングだった。

おそらく中国は今、米国や欧州との対決を意識して、産業に役に立ちそうな技術を世界中から探して自国に誘致しようとしているのだろう。今、どういう条件で僕が協力できるかを議論しているのだが、僕が予想もしなかったような好条件を聞かせてもらっている。

今の日本は国家としてベンチャー企業や技術者を守ろうという動きもないし、大企業も新しいことにチャレンジしようという気は感じられない。せいぜいうわべだけのイノベーション・ブームが見えるくらいだ。大きな市場もない、インキュベーションの環境もない、ベンチャー企業への優遇策もないでは、技術がどんどん日本から離れていってしまう。

だが、第6章でも書いたように、世界の人たちも今はまだ日本の技術や品質管理、セキュリティー（組織の守秘性や社会の安全性）の高さは評価してくれている。“Design in Japan”は世界のステータスなのだ。日本は、今こそそれを生かして世界と共存していく工夫をしなくてはいけない。その時大事なのは、日本だけがいい思いをするのではなく、世界との共存を考えることだ。それによって世界の富の一部を手に入れることを目指すべきなのだと考えている。

　また、僕が上海の方々とのやり取りを通じて好感を持っているのは、彼らがちゃんとビジネス・スピリットを考えているように感じるからだ。ビジネスの基本の考え方がきちんとしているように感じる。今ふと思い起こしてみると、僕が好感を持てる人というのは、皆さんビジネス・スピリットをきちんと考えている方々なのだと思う。

　分野は全然違うが、アンディ・ルービン氏にしても、松尾豊先生にしても、デビッド・ロス氏にしても、泉水和幸氏にしても、そういう方々とお話をしていると何か共通するものを感じる。皆さん一から真剣に物事を考えているから、分野が異なる人とでも会話が成り立つのだろうと感じる。

　一方で昨今、いろいろな日本の会社の方々と新規事業についてお話ししてもどこかが噛み合わない感じを受けることが多いのは、その方々がビジネス・モデルは考えていても、ビジネス・スピリットまで考えを昇華していないからではないだろうか。しかも、本来それはあり得ないことで、ビジネス・スピリットの考えなしにビジネス・モデルは考えられないはずなのだ。皆さんには、ぜひご自身のビジネス・スピリットに早く気づかれて、社会の中で自立した道を見つけて、「自分株式会社の社長さん」になっていただきたいと願っている。それが、ひいては日本全体の世界でのプレゼンスを上げる道につながると信じているから。

僕はこれからもチャレンジ精神を持ち、ビジネス・スピリットをちゃんと深めていきたいと考えている。そして、そういう考え方の方々とのお付き合いを増やし、深めていきたい。そういう人たちとは話していて面白いし、自分自身もそこから何かインスパイアーされていくように感じる。お互いに高め合えるように感じるのだ。

この本を読んでいただけた皆さんとも、ぜひ、そういう観点でお話ができたら幸いだと思う。

２０２０年７月

春日知昭

参考資料

＊1　スピーシーズ株式会社ホームページ（まえがき）
http://speecys.com

＊2　アンディ・ルービン氏（まえがき）
https://ja.wikipedia.org/wiki/アンディ・ルービン

＊3　室瀬和美氏（第1章）
https://galleryjapan.com/locale/ja_JP/artist/1113/

＊4　AIBO DREAM MUSICAL（第1章）
https://game.watch.impress.co.jp/docs/20030601/aibo02.htm

＊5　SDR（第2章）
https://pc.watch.impress.co.jp/docs/2003/0324/sony.htm

＊6　Mr. Mohammed Khammas（第3章）
https://www.youtube.com/watch?v=rQs-0ZfPU-8

＊7　KSHITIJ（第3章）
https://talkjarvis.com/kshitij-ktj-the-annual-techno-management-fest-of-iit-kharagpur/

＊8　Mr. David Roth（第3章）
http://www.internetofthingsage.com/team/david-roth/

＊9　Schaft 社（第3章）
https://robotstart.info/2017/06/09/schaft-softbank.html

＊10　ライフロボティクス社（第3章）
https://xtech.nikkei.com/atcl/nxt/column/18/00001/00690/

＊11　ボストン・ダイナミクス社（第3章）
https://robotstart.info/2018/05/14/softbank-boston-dynamics.html

＊12　泉水和幸氏　土橋幸広氏（第6章）
http://www.rcfan-plus.com/archive/2017_01_01/

企画・編集　有限会社ガルフ・ガルフ　中村靖

春日知昭（かすがともあき）

1956年、東京都三鷹市生まれ。早稲田大学理工学部電子通信学科卒業。'79年、東芝に入社。府中工場にて発電制御システム部に所属。マイコンを使った原子力発電所の制御機器を多数設計。GE社との共同開発も行う。'85年、ソニーに転職。UNIXワークステーション“NEWS”、VAIOのデスクトップ機種などの設計課長、AIBO技術管理室長。2001年にソニーを退職し、スピーシーズ株式会社を設立。オリジナルのロボット開発を行う。2足歩行ロボットを、大学を中心に200台以上販売。ロボットによる表現や感情移入を追求するため、モーション・フィギュアの開発に取り組む。取得特許多数。本書が初の著書。

面白《おもしろ》いことは上司《じょうし》に黙《だま》ってやれ

日本発《にほんはつ》の新《しん》ビジネスを生《う》み出《だ》すには？

2020年8月30日初版1刷発行

著　者 ── 春日知昭
発行者 ── 田邉浩司
装　幀 ── アラン・チャン
印刷所 ── 萩原印刷
製本所 ── 国宝社
発行所 ── 株式会社光文社
東京都文京区音羽1-16-6（〒112-8011）
https://www.kobunsha.com/
電　話 ── 編集部03（5395）8289　書籍販売部03（5395）8116
業務部03（5395）8125
メール ── sinsyo@kobunsha.com

ISBN 978-4-334-04490-9

1070

座右の世阿弥

不安の時代を生き切る29の教え

齋藤孝

「いま、ウケることをやる」「思い込みにとらわれない」……。世阿弥の『風姿花伝』『花鏡』には「名言」が満載だ。その世阿弥の言葉を、今日的なわかりやすい表現で一挙紹介する。

978-4-334-04477-0

1071

高城式健康術55

医師が教えてくれない家庭の医学

高城剛

「僕は心地よく生きるために健康に気を配っている」――絶えず世界各地を行き来しつつ活躍を続ける著者が、パフォーマンスの質を保つために注目・実践する次世代の最新医療とは。

978-4-334-04478-7

1072

沖縄から貧困がなくならない本当の理由

樋口耕太郎

「沖縄問題」を突き詰めることは、日本の問題を突き詰めることであり、それは、私たち自身の問題を突き詰めることだ――。「コロナ後の世界」のありかたをも問う、鮮烈の問題作。

978-4-334-04479-4

1073

ＡＶ女優の家族

寺井広樹

親にはデビュー前に話したのか、兄妹には何を伝えたのか、そして子供には自分の仕事を明かすのか？　女優たちが赤裸々に語る「家族」の話から、新しい時代が見えてくる。

978-4-334-04480-0

1074

ＡＩとカラー化した写真でよみがえる戦前・戦争

庭田杏珠
渡邉英徳

戦前から戦後の貴重な白黒写真約３５０枚を最新のＡＩ技術と、当時者への取材や資料をもとに人の手で彩色。カラー化により当時の暮らしがふたたび息づく。

978-4-334-04481-7

1075
文学こそ最高の教養である
駒井稔＋「光文社古典新訳文庫」編集部 編著

社会を、人間を、広く深く知るのに最も役立つのが文学だ――。紀伊國屋書店新宿本店の人気イベントが書籍化。名翻訳者14人が初歩的な所から語りでナビゲートする古典文学入門編。

978-4-334-04482-4

1076
天文学者が解説する
宮沢賢治『銀河鉄道の夜』と宇宙の旅
谷口義明

賢治には未来が見えていた――。このユニークな童話はどのように構想され、賢治は宇宙に何を見ていたのか。これまでにないアプローチで作品の魅力に迫る。【渡部潤一氏推薦！】

978-4-334-04483-1

1077
南極で心臓の音は聞こえるか
生還の保証なし、南極観測隊
山田恭平

「南極大陸の奥に進むと、静かすぎて己の心臓の音が聞こえるという」――そんな伝説めいた話から南極を目指した著者による、1年4カ月の滞在記。南極観測隊のリアルが分かる一冊。

978-4-334-04484-8

1078
子規を「ギャ句」る
名句をひねると「ギャ句」になりました
夏井いつき

名句をひねって味わう遊びへの誘い。俳句の辛口先生が正岡子規をギャ句った作品を募集し採点。原句があるから誰でも始められ知識と技を同時習得。最小変化で最大効果を狙え！

978-4-334-04485-5

1079
小池百合子　権力に憑かれた女
ドキュメント東京都知事の1400日
和田泰明

【緊急出版！】メディアの特性を熟知した政治家・小池百合子。築地市場移転、東京五輪、新型コロナ対策など、4年間の彼女の実績を、「週刊文春」記者が徹底取材で明らかにする。

978-4-334-04486-2